Rajni Gautam

Inovações na tecnologia de membranas

Rajni Gautam

Inovações na tecnologia de membranas

ScienciaScripts

Imprint

Any brand names and product names mentioned in this book are subject to trademark, brand or patent protection and are trademarks or registered trademarks of their respective holders. The use of brand names, product names, common names, trade names, product descriptions etc. even without a particular marking in this work is in no way to be construed to mean that such names may be regarded as unrestricted in respect of trademark and brand protection legislation and could thus be used by anyone.

Cover image: www.ingimage.com

This book is a translation from the original published under ISBN 978-620-7-47630-5.

Publisher:
Sciencia Scripts
is a trademark of
Dodo Books Indian Ocean Ltd. and OmniScriptum S.R.L publishing group

120 High Road, East Finchley, London, N2 9ED, United Kingdom
Str. Armeneasca 28/1, office 1, Chisinau MD-2012, Republic of Moldova, Europe
Printed at: see last page
ISBN: 978-620-7-60944-4

Prefácio

Num mundo onde o acesso a água limpa e a processos de filtração eficientes é crucial, a tecnologia de membranas é um farol de inovação. A filtração por membranas revolucionou numerosas indústrias, oferecendo soluções que são simultaneamente eficientes e amigas do ambiente. Este livro explora os meandros da tecnologia de membranas, desde os seus princípios fundamentais até às suas diversas aplicações e potenciais futuros.

Índice

Capítulo-1 Introdução à tecnologia de membranas

1.1 Compreender a filtragem

A filtração é um processo omnipresente na nossa vida quotidiana, parte integrante de várias indústrias e essencial para manter os padrões ambientais e de saúde pública. Na sua essência, a filtração envolve a separação de partículas ou substâncias de um meio fluido através de uma barreira porosa. Este conceito fundamental constitui a base para uma miríade de aplicações, desde a purificação da água potável à refinação de produtos farmacêuticos e muito mais.

Princípios da filtração: A filtração funciona com base em vários princípios-chave, cada um contribuindo para a sua eficácia e versatilidade:

1. **Exclusão de tamanho:** Um dos mecanismos fundamentais da filtração é a exclusão de tamanho, em que as partículas maiores do que o tamanho dos poros do meio filtrante são retidas enquanto as partículas mais pequenas e a fase fluida passam. Este princípio é particularmente proeminente em processos como a microfiltração e a ultrafiltração.

2. **Adsorção:** Alguns processos de filtração baseiam-se na adsorção, em que as partículas são removidas da fase fluida aderindo à superfície do meio filtrante. Este mecanismo é frequentemente utilizado em filtros de carvão ativado, que capturam eficazmente contaminantes orgânicos através de interacções de adsorção.

3. **Interacções Electrostáticas:** Certos processos de filtração exploram interacções electrostáticas entre partículas carregadas e o meio filtrante. Por exemplo, em processos de membrana como a nanofiltração e a osmose inversa, as membranas carregadas podem reter seletivamente iões e moléculas com base nas suas propriedades de carga.

4. **Hidrofobicidade/Hidrofilicidade:** As características de molhabilidade dos materiais de filtragem desempenham um papel crucial na filtragem. As membranas hidrofóbicas repelem a água e são utilizadas em processos como a destilação por membrana, onde apenas as moléculas de vapor passam, deixando para trás os contaminantes. Por outro lado, as membranas hidrofílicas promovem a passagem da água e retêm os contaminantes.

Aplicações da filtração: A filtração encontra aplicação num vasto espetro de indústrias e ambientes, respondendo a diversas necessidades:

1. **Tratamento de água:** A filtragem é indispensável nas instalações de tratamento de água, onde serve para remover sólidos em suspensão, microorganismos e contaminantes, garantindo o abastecimento seguro de água potável e salvaguardando a saúde pública.

2. **Processamento de alimentos e bebidas:** Na indústria alimentar e de bebidas, a filtração é utilizada para clarificar líquidos, remover impurezas e obter os perfis de textura e sabor desejados em produtos como sumos de fruta, cerveja e produtos lácteos.

3. **Fabrico de produtos farmacêuticos:** A filtração desempenha um papel crítico no fabrico de produtos farmacêuticos, onde é utilizada para esterilizar medicamentos, purificar fluxos de processos e garantir a qualidade e segurança dos produtos farmacêuticos.

4. **Remediação ambiental:** As tecnologias de filtragem são instrumentais nos esforços de remediação ambiental, facilitando a remoção de poluentes, derrames de óleo e contaminantes do ar, água e solo, mitigando assim os danos ambientais.

5. **Aplicações biomédicas:** Na investigação biomédica e em contextos clínicos, a filtração é utilizada para a separação de células, o isolamento de biomoléculas, a purificação de amostras biológicas e o diagnóstico médico.

1.2 Evolução da tecnologia de membranas

A tecnologia de membranas sofreu uma evolução notável ao longo do último século, progredindo de métodos de filtração rudimentares para processos de membranas sofisticados que revolucionam várias indústrias. Esta evolução é marcada por avanços significativos nos materiais das membranas, técnicas de fabrico e otimização de processos, impulsionados pela procura de tecnologias de separação mais limpas e mais eficientes. Compreender a trajetória histórica da tecnologia de membranas fornece informações valiosas sobre as suas capacidades actuais e potencialidades futuras.

Primeiros desenvolvimentos: As raízes da tecnologia de membranas remontam ao final do século XIX e início do século XX, quando eram utilizados métodos de filtração simples para a purificação da água e o tratamento de águas residuais. As primeiras membranas, predominantemente feitas de materiais naturais como a celulose, eram limitadas na sua seletividade e permeabilidade.

Pioneiros das membranas: Em meados do século XX, surgiram figuras-chave que lançaram as bases da moderna ciência das membranas. Investigadores como Sidney Loeb e Srinivasa Sourirajan foram pioneiros no desenvolvimento de membranas sintéticas e processos de separação baseados em membranas. Os seus trabalhos inovadores sobre osmose inversa (OR) e dessalinização por membranas prepararam o terreno para a adoção generalizada da tecnologia de membranas no tratamento da água.

Membranas poliméricas: O advento dos polímeros sintéticos em meados do século XX revolucionou o fabrico de membranas. Os materiais poliméricos, como a poliamida, a polissulfona e a polietersulfona, ofereceram propriedades mecânicas superiores, resistência química e tamanhos de poros ajustáveis, expandindo a gama de aplicações para a filtração por membrana.

Comercialização e aplicações industriais: Na segunda metade do século XX, a tecnologia de membranas começou a ter sucesso comercial em vários sectores. As membranas RO permitiram a dessalinização económica da água do mar, resolvendo os problemas de escassez de água nas regiões áridas. As membranas de microfiltração e ultrafiltração encontraram aplicações no processamento de lacticínios, no fabrico de produtos farmacêuticos e no tratamento de águas residuais, oferecendo uma separação eficiente de sólidos e microrganismos.

Avanços nos processos de membrana: O final do século XX e o início do século XXI testemunharam rápidos avanços nos processos de membranas e nos projectos de módulos. As membranas de nanofiltração surgiram como uma ferramenta versátil para a remoção selectiva de iões e para o amaciamento da água, enquanto a osmose direta ganhou atenção pelas suas capacidades de dessalinização com eficiência energética. Os bioreactores de membrana (MBR) integraram a filtração por membrana com o tratamento biológico, revolucionando o tratamento de águas residuais e a recuperação de recursos.

Nanotecnologia e mais além: Nas últimas décadas, assistiu-se à integração dos princípios da nanotecnologia na conceção e fabrico de membranas. As membranas nanoestruturadas com poros concebidos com precisão apresentam uma maior seletividade, permeabilidade e resistência à incrustação. Além disso, conceitos emergentes como as membranas biomiméticas, inspiradas em sistemas biológicos naturais, são promissores para o desenvolvimento de materiais de membrana da próxima geração.

Direcções futuras: Olhando para o futuro, a tecnologia de membranas está preparada para a inovação contínua e a expansão para novas fronteiras. Os avanços na ciência dos materiais, na nanotecnologia e na engenharia de processos impulsionarão o desenvolvimento de membranas inteligentes com propriedades de autorregulação e desempenho melhorado. Além disso, a integração de processos de membranas com fontes de energia renováveis e princípios de economia circular promoverá soluções sustentáveis para a purificação da água, a recuperação de recursos e a remediação ambiental.

1.3 Importância e aplicações

A tecnologia de membranas é a pedra angular dos modernos processos de filtração e separação, desempenhando um papel fundamental em diversas indústrias e aplicações em todo o mundo. A sua importância deriva da sua capacidade de separar de forma eficiente e selectiva substâncias com base no tamanho, carga ou afinidade, oferecendo inúmeros benefícios em termos de conservação de recursos, sustentabilidade ambiental e melhoria da qualidade dos produtos. Esta secção explora o significado da tecnologia de membranas e as suas vastas aplicações em vários sectores.

Tratamento de água e dessalinização: Uma das aplicações mais críticas da tecnologia de membranas é o tratamento e a dessalinização da água. Os processos de membrana, como a osmose inversa (OR), a nanofiltração (NF) e a ultrafiltração (UF), permitem a remoção de contaminantes, sólidos dissolvidos e microrganismos das fontes de água, fornecendo água potável segura e potável. Além disso, as tecnologias de dessalinização baseadas em membranas resolvem os problemas de escassez de água, convertendo água do mar ou água salobra em água doce, satisfazendo assim a crescente procura de água potável nas regiões áridas.

Indústria de alimentos e bebidas: Na indústria alimentar e de bebidas, a tecnologia de membranas desempenha um papel vital em vários processos, incluindo clarificação, concentração e esterilização. As membranas de microfiltração e ultrafiltração são utilizadas para remover sólidos em suspensão, bactérias e impurezas de sumos, produtos lácteos e bebidas, melhorando a qualidade do produto e prolongando o prazo de validade. Além disso, os processos de membrana, como a eletrodiálise e a destilação por membrana, permitem a concentração e a purificação de sumos, vinhos e outros produtos líquidos, oferecendo alternativas energeticamente eficientes aos métodos tradicionais de evaporação.

Aplicações farmacêuticas e biomédicas: A tecnologia de membranas é amplamente utilizada no fabrico de produtos farmacêuticos, na investigação biomédica e no diagnóstico clínico. As técnicas de filtração por membranas, como a filtração estéril e a remoção de vírus, garantem a segurança e a pureza dos produtos farmacêuticos, removendo bactérias, vírus e contaminantes particulados das formulações de medicamentos e amostras biológicas. Além disso, os processos de separação baseados em membranas são utilizados para a purificação de proteínas, sequenciação de ADN e aplicações de administração de medicamentos, facilitando os avanços na biotecnologia e na medicina personalizada.

Indústria química e petroquímica: Na indústria química e petroquímica, a tecnologia de membranas é utilizada para separar e purificar compostos químicos, gases e hidrocarbonetos. Os processos de membrana, como a separação de gases, a pervaporação e a destilação por membrana, oferecem alternativas energeticamente eficientes aos métodos de separação tradicionais, permitindo a recuperação de produtos valiosos, a redução de fluxos de resíduos e a mitigação da poluição ambiental. Além disso, os reactores de membrana integrados com membranas catalíticas melhoram a cinética e a seletividade da reação, conduzindo a melhorias na síntese química e na intensificação do processo.

Remediação ambiental: A tecnologia de membranas desempenha um papel crucial nos esforços de recuperação ambiental, facilitando o tratamento e a reciclagem de águas residuais, efluentes industriais e águas subterrâneas contaminadas. Os biorreactores de membrana (MBR) combinam o tratamento biológico com a filtração por membrana, permitindo a remoção de poluentes orgânicos, agentes patogénicos e nutrientes dos fluxos de águas residuais, cumprindo assim as normas rigorosas de descarga e conservando os recursos hídricos. Além disso, os sistemas de filtração por membranas são utilizados para o tratamento de águas residuais industriais, lixiviados de aterros e rejeitos mineiros, oferecendo soluções sustentáveis para o controlo da poluição e a remediação.

Aplicações emergentes: Para além das aplicações tradicionais, a tecnologia de membranas está a encontrar utilizações novas e inovadoras em domínios emergentes como o armazenamento de energia, a deteção de gases e a biorefinação. As tecnologias baseadas em membranas, como as baterias de fluxo redox e as células de combustível, estão a ser desenvolvidas para aplicações de armazenamento e conversão de energia, oferecendo soluções escaláveis e económicas para a integração de energias renováveis. Além disso, os sensores de membrana e os dispositivos bioelectrónicos tiram partido das propriedades de transporte seletivo das membranas para detetar gases, biomoléculas e poluentes ambientais, permitindo avanços nos cuidados de saúde, monitorização ambiental e aplicações de segurança.

Capítulo-2 Fundamentos da filtração por membranas

2.1 Tipos e estruturas de membranas

As membranas são o coração dos processos de filtração por membranas, definindo a sua seletividade, permeabilidade e eficiência. Os tipos e estruturas das membranas variam muito, cada um adaptado a aplicações e requisitos de separação específicos. Esta secção apresenta uma visão geral dos principais tipos de membranas e das suas características estruturais.

Membranas poliméricas: As membranas poliméricas dominam o panorama da filtragem por membranas devido à sua versatilidade, rentabilidade e facilidade de fabrico. Estas membranas são normalmente compostas por polímeros sintéticos como a polissulfona, a polietersulfona, a poliamida (por exemplo, compósito de película fina) e o fluoreto de polivinilideno (PVDF). As membranas poliméricas podem ser classificadas com base na dimensão dos poros e no peso molecular de corte:

- **Membranas de microfiltração (MF):** As membranas MF apresentam poros relativamente grandes (0,1-10 pm) e são utilizadas principalmente para remover sólidos em suspensão, bactérias e grandes colóides de líquidos.

- **Membranas de ultrafiltração (UF):** As membranas de UF têm poros mais pequenos (0,001-0,1 pm) e são capazes de remover macromoléculas, proteínas, vírus e colóides de soluções aquosas.

- **Membranas de nanofiltração (NF):** As membranas NF apresentam tamanhos de poros ainda mais pequenos (0,001-0,01 pm) e rejeição selectiva de iões multivalentes, permitindo a passagem de iões monovalentes e pequenas moléculas. As membranas NF são normalmente utilizadas para amaciamento de água, remoção de cor e dessalinização parcial.

- **Membranas de Osmose Reversa (RO):** As membranas RO têm a estrutura de poros mais apertada (<0,001 pm) e apresentam uma elevada rejeição de solutos, incluindo sais, iões e compostos orgânicos. A OR é utilizada para dessalinização, tratamento de águas residuais e concentração de soluções.

Membranas cerâmicas: As membranas cerâmicas oferecem uma estabilidade química e térmica superior em comparação com as membranas poliméricas, tornando-as adequadas para condições de funcionamento difíceis e aplicações a altas temperaturas. Estas membranas são normalmente compostas por materiais inorgânicos, tais como alumina (Al2O3), zircónia (ZrO2), titânia (TiO2) ou carboneto de silício (SiC). As membranas cerâmicas são conhecidas pela sua distribuição estreita do tamanho dos poros, elevada resistência mecânica e resistência à incrustação e à degradação química. São utilizadas em aplicações como a microfiltração, a ultrafiltração, a separação de gases e os reactores de membrana.

Membranas compostas: As membranas compósitas combinam as vantagens dos materiais poliméricos e cerâmicos para obter um melhor desempenho e durabilidade. Estas membranas consistem tipicamente numa fina camada selectiva apoiada num substrato poroso. A camada selectiva pode ser composta por um polímero, cerâmica ou uma combinação de ambos os materiais, adaptada para obter propriedades de separação específicas. As membranas compostas oferecem um melhor fluxo, seletividade e resistência à incrustação em comparação com as membranas convencionais, tornando-as adequadas para aplicações exigentes como a dessalinização da água do mar, a concentração de salmoura e o tratamento de águas residuais industriais.

Técnicas de fabrico: As técnicas de fabrico de membranas variam consoante o tipo de membrana e os requisitos da aplicação. Os métodos de fabrico mais comuns incluem:

- **Inversão de fase:** A inversão de fases é uma técnica amplamente utilizada para a preparação de membranas poliméricas, envolvendo a dissolução do polímero num solvente seguida de imersão num não-solvente para induzir a separação de fases. A estrutura da membrana resultante é determinada pela concentração do polímero, pela composição do solvente/não-solvente e pelas condições de fundição.

- **Sol-Gel:** O processamento sol-gel é utilizado para fabricar membranas cerâmicas, em que os alcóxidos metálicos são hidrolisados e polimerizados para formar um sol que é depois depositado num substrato e sujeito a tratamento térmico para formar uma membrana cerâmica porosa.

- **Deposição camada a camada:** A deposição camada a camada envolve a adsorção sequencial de polielectrólitos ou nanopartículas de carga oposta num substrato, resultando na formação de uma fina camada selectiva com espessura e morfologia controladas.

- **Síntese assistida por modelo:** A síntese assistida por modelos utiliza modelos sacrificiais ou substratos nanoporosos para controlar o tamanho dos poros e a estrutura da membrana resultante. Esta técnica é frequentemente utilizada para o fabrico de membranas mesoporosas ordenadas com dimensões precisas dos poros.

2.2 Mecanismos de filtração

A filtração, facilitada por membranas, funciona através de vários mecanismos que regem o transporte de substâncias através da barreira da membrana. Estes mecanismos determinam a seletividade, a permeabilidade e a eficiência do processo de filtração. A compreensão destes mecanismos é essencial para otimizar o desempenho das membranas e conceber processos de separação eficazes. Esta secção explora os principais mecanismos de filtração:

1. **Exclusão de tamanho:**

- **Princípio:** A exclusão de tamanho baseia-se na diferença de tamanho entre as partículas e os poros da membrana. As partículas maiores do que o tamanho do poro são retidas, enquanto as partículas mais pequenas e o solvente passam.

- **Aplicações:** As membranas de microfiltração e ultrafiltração baseiam-se principalmente na exclusão de tamanho para separar sólidos em suspensão, microorganismos e macromoléculas de líquidos.

2. **Adsorção:**

- **Princípio:** A adsorção envolve a adesão de partículas ou solutos à superfície da membrana devido a interacções electrostáticas ou químicas.

- **Aplicações:** As membranas de adsorção, muitas vezes contendo carvão ativado ou superfícies funcionalizadas, são utilizadas para remover compostos orgânicos, corantes e vestígios de contaminantes da água e dos fluxos de processo.

3. **Peneiração:**

- **Princípio:** A peneiração é semelhante à exclusão de tamanho, mas funciona à escala molecular, sendo as moléculas ou iões separados com base no seu tamanho relativamente à distribuição do tamanho dos poros da membrana.

- **Aplicações:** As membranas de nanofiltração e de osmose inversa utilizam mecanismos de peneiração para separar solutos com base no seu tamanho molecular e carga, permitindo a remoção selectiva de iões e pequenas moléculas de soluções aquosas.

4. **Interacções electrostáticas:**

- **Princípio:** As interacções electrostáticas entre as partículas carregadas e a superfície da membrana ou no interior da matriz da membrana influenciam o transporte de iões e moléculas através da membrana.

- **Aplicações:** As membranas carregadas, como as membranas de permuta iónica e as membranas de eletrodiálise, exploram as interacções electrostáticas para transportar iões seletivamente e conseguir a separação em processos como a dessalinização e a eletrodiálise.

5. **Difusão:**

- **Princípio:** A difusão envolve o movimento de solutos de regiões de alta concentração para regiões de baixa concentração, impulsionado pelo gradiente de concentração através da membrana.

- **Aplicações:** A difusão é um mecanismo fundamental em todos os processos de membrana e contribui para o transporte de solutos e gases através da matriz da membrana, influenciando a eficiência da separação e a qualidade do permeado.

6. **Solução-Difusão:**

- **Princípio:** A difusão de soluções é um mecanismo de transporte de massa em que os solutos se dissolvem na matriz da membrana e se difundem através da membrana, impulsionados por diferenças no potencial químico.

- **Aplicações:** Os mecanismos de difusão em solução são predominantes nas membranas de separação de gases, onde os gases se dissolvem na matriz polimérica e permeiam através da membrana com base nas suas propriedades de solubilidade e difusividade.

7. **Interacções hidrofóbicas/hidrofílicas:**

- **Princípio:** As interacções hidrofóbicas ou hidrofílicas entre a superfície da membrana e os solutos influenciam o seu comportamento de transporte, afectando a permeabilidade e a seletividade da membrana.

- **Aplicações:** As membranas hidrofóbicas são utilizadas em processos de destilação por membrana para separar o vapor do líquido, enquanto as membranas hidrofílicas são preferidas para aplicações de purificação de água e ultrafiltração.

Compreender a interação destes mecanismos é essencial para otimizar o desempenho das membranas e conceber sistemas de membranas adaptados a tarefas de separação específicas. Aproveitando os princípios da filtração, os engenheiros e investigadores podem desenvolver tecnologias de membranas inovadoras para responder a uma vasta gama de desafios ambientais, industriais e biomédicos.

2.3 Parâmetros que afectam a eficiência da filtragem

A eficiência dos processos de filtração é influenciada por vários parâmetros que afectam o desempenho e a eficácia do sistema de membranas. Compreender estes parâmetros é essencial para otimizar os processos de filtração, maximizar a qualidade do produto e minimizar o consumo de energia. Esta secção explora os principais parâmetros que afectam a eficiência da filtração:

1. **Tamanho e estrutura dos poros:**

- **Impacto:** O tamanho e a estrutura dos poros da membrana determinam a gama de partículas ou moléculas que podem passar através da membrana. Os poros mais pequenos aumentam a seletividade, mas podem levar a uma maior queda de pressão e a taxas de fluxo mais baixas.

- **Considerações:** A seleção de um tamanho de poro e de uma estrutura de poro adequados, com base nos requisitos de separação pretendidos, é crucial para obter um desempenho de filtração ótimo.

2. **Material e composição da membrana:**

- **Impacto:** As propriedades do material da membrana, como a composição química, a carga superficial e a hidrofilicidade/hidrofobicidade, influenciam as interacções com solutos e contaminantes, afectando a eficiência da separação e a propensão para a formação de incrustações.

- **Considerações:** A escolha de um material de membrana com propriedades adequadas para a aplicação pretendida é essencial para garantir a compatibilidade, a estabilidade e o desempenho a longo prazo.

3. **Pressão de funcionamento e caudal:**

- **Impacto:** A pressão de funcionamento e o caudal afectam a força motriz do fluxo de fluido e do transporte de soluto através da membrana. As pressões mais elevadas podem aumentar o fluxo de permeado, mas podem aumentar o consumo de energia e as taxas de incrustação da membrana.

- **Considerações:** A otimização das condições de funcionamento, incluindo a pressão e o caudal, para equilibrar o fluxo, a seletividade e a eficiência energética é fundamental para maximizar o desempenho da filtração.

4. **Características da solução de alimentação:**

- **Impacto:** As propriedades da solução de alimentação, como a concentração, viscosidade, pH, temperatura e presença de contaminantes, influenciam a incrustação da membrana, a rejeição de soluto e a qualidade do permeado.

- **Considerações:** Compreender a composição e o comportamento da solução de alimentação e o seu potencial impacto no desempenho da membrana é essencial para a conceção e otimização do processo.

5. **Propriedades da superfície da membrana:**

- **Impacto:** As propriedades da superfície, incluindo a rugosidade, a densidade de carga e a natureza hidrofóbica/hidrofílica, afectam as interacções entre a superfície da membrana e os solutos, influenciando a propensão para a formação de incrustações e a qualidade do permeado.

- **Considerações: A modificação das propriedades da superfície da membrana através de tratamentos de superfície, revestimentos ou funcionalização pode melhorar a resistência à incrustação, a seletividade e a eficiência global da filtração.**

6. **Limpeza e manutenção da membrana:**

- **Impacto:** Os procedimentos regulares de limpeza e manutenção são essenciais para preservar o desempenho da membrana e evitar a formação de incrustações ou a degradação ao longo do tempo. Protocolos de limpeza eficazes podem restaurar o fluxo da membrana e prolongar o seu tempo de vida útil.

- **Considerações:** O desenvolvimento de estratégias de limpeza adequadas com base no material da membrana, nos mecanismos de incrustação e nas condições de funcionamento é fundamental para manter a eficiência da filtração a longo prazo e reduzir os custos operacionais.

7. **Conceção e configuração do módulo de membrana:**

- **Impacto:** A conceção do módulo de membrana, incluindo a geometria do módulo, a densidade de empacotamento e a distribuição do fluxo, influencia o desempenho hidráulico, o comportamento de incrustação e a eficiência global do sistema.

- **Considerações:** A seleção de uma conceção e configuração ideais do módulo de membrana com base nos requisitos específicos da aplicação e nas condições do processo é essencial para maximizar o desempenho da filtração e minimizar os riscos de incrustação.

8. **Estratégias de combate ao entupimento e à sujidade:**

- **Impacto:** A incrustação da membrana, causada pela acumulação de partículas, solutos ou biofilmes na superfície da membrana ou dentro dos poros da membrana, pode degradar significativamente o desempenho da filtração e reduzir o rendimento.

- **Considerações:** A implementação de estratégias eficazes de mitigação de incrustações, como o pré-tratamento, a retrolavagem, a limpeza química e a modificação da superfície da membrana, é crucial para manter uma elevada eficiência de filtração e prolongar a vida útil da membrana.

Capítulo-3 Materiais e fabrico de membranas

3.1 Membranas poliméricas

As membranas poliméricas representam uma classe de membranas versátil e amplamente utilizada em processos de filtração e separação. Compostas por polímeros sintéticos, estas membranas oferecem uma vasta gama de aplicações em várias indústrias devido às suas propriedades ajustáveis, à sua relação custo-eficácia e à facilidade de fabrico. Esta secção apresenta uma visão geral das membranas poliméricas, incluindo os seus tipos, propriedades, métodos de fabrico e aplicações.

Tipos de membranas poliméricas:

- **. Membranas de microfiltração (MF):** As membranas MF apresentam poros de dimensões relativamente grandes, entre 0,1 e 10 pm. São utilizadas principalmente para a remoção de sólidos em suspensão, bactérias e grandes colóides de líquidos em aplicações como o tratamento de água, o processamento de alimentos e a biotecnologia.

- **. Membranas de ultrafiltração (UF):** As membranas UF têm poros mais pequenos, com tamanhos que variam entre 0,001 e 0,1 pm. São capazes de remover macromoléculas, proteínas, vírus e colóides de soluções aquosas, tornando-as adequadas para a concentração de proteínas, tratamento de águas residuais e purificação farmacêutica.

- **. Membranas de nanofiltração (NF):** As membranas NF apresentam poros de dimensões ainda mais pequenas, entre 0,001 e 0,01 pm. Removem seletivamente iões multivalentes, permitindo a passagem de iões monovalentes e pequenas moléculas. As membranas NF são normalmente utilizadas para amaciamento de água, remoção de cor e dessalinização parcial.

- **. Membranas de osmose inversa (RO):** As membranas RO têm a estrutura de poros mais apertada, normalmente inferior a 0,001 pm. Apresentam uma elevada rejeição de solutos, incluindo sais, iões e compostos orgânicos. A RO é utilizada para dessalinização, tratamento de águas residuais e concentração de soluções em várias indústrias.

Propriedades das membranas poliméricas:

- **Porosidade:** As membranas poliméricas apresentam uma gama de porosidades, dependendo do seu método de fabrico e da aplicação pretendida. A porosidade influencia a permeabilidade, a seletividade e a resistência à incrustação da membrana.

- **Distribuição do tamanho dos poros:** As membranas poliméricas podem ter uma distribuição ampla ou estreita do tamanho dos poros, o que afecta o seu desempenho de separação e a capacidade de reter solutos ou partículas específicas.

- **Carga superficial:** A carga superficial das membranas poliméricas pode ser modificada através de tratamentos ou funcionalização da superfície, influenciando as interacções com solutos e iões carregados na solução de alimentação.

- **Hidrofilicidade/Hidrofobicidade:** As membranas poliméricas podem ser adaptadas para apresentarem propriedades hidrofílicas ou hidrofóbicas, influenciando o seu **comportamento** de humedecimento, propensão para a formação de incrustações e compatibilidade com diferentes tipos de fluidos.

- **Compatibilidade química:** As membranas poliméricas variam na sua resistência química a diferentes solventes, ácidos, bases e compostos orgânicos. A compatibilidade com a solução de alimentação é essencial para garantir a estabilidade e o desempenho da membrana a longo prazo.

Métodos de fabrico:

- **Inversão de fase:** A inversão de fases é um método comum para fabricar membranas poliméricas, envolvendo a dissolução do polímero num solvente seguida de imersão num não-solvente para induzir a separação de fases. Esta técnica permite controlar a morfologia da membrana, o tamanho dos poros e a porosidade.

- **Extrusão:** A extrusão envolve a extrusão de uma solução ou fusão de polímero através de uma matriz para formar uma estrutura de membrana contínua. Os métodos de extrusão permitem o fabrico de membranas com tamanhos e espessuras de poros precisos, adequados para várias aplicações.

- **Polimerização Interfacial:** A polimerização interfacial é utilizada para fabricar membranas compostas de película fina através da polimerização de monómeros na interface entre duas fases imiscíveis. Esta técnica produz membranas com camadas densas e selectivas suportadas em substratos porosos.

- **Fundição com solvente:** A moldagem por solvente envolve a moldagem de uma solução de polímero numa superfície plana, seguida da evaporação do solvente para formar uma película de membrana sólida. Este método é adequado para produzir membranas finas e uniformes com estruturas de poros controladas.

Aplicações de membranas poliméricas:

- **Tratamento de água:** As membranas poliméricas são amplamente utilizadas em processos de tratamento de água, incluindo a purificação de água potável, o tratamento de águas residuais e a dessalinização. Removem contaminantes, agentes patogénicos e sólidos dissolvidos para produzir água limpa e potável.

- **Indústria de alimentos e bebidas:** As membranas poliméricas são utilizadas na indústria alimentar e de bebidas para clarificar líquidos, remover impurezas e concentrar componentes valiosos, como proteínas e aromas.

*   **Fabrico de produtos farmacêuticos:** As membranas poliméricas desempenham um papel crucial no fabrico de produtos farmacêuticos para filtração estéril, purificação de medicamentos e separação de biomoléculas na produção biofarmacêutica.

*   **Aplicações biomédicas:** As membranas poliméricas são utilizadas na investigação biomédica e em diagnósticos clínicos para separação de células, diálise, filtragem de sangue e aplicações de administração de medicamentos.

*   **Remediação ambiental:** As membranas poliméricas são utilizadas em esforços de recuperação ambiental para tratar águas residuais industriais, remover poluentes e recuperar recursos valiosos de fluxos de processos.

3.2 Membranas cerâmicas

As membranas cerâmicas representam uma classe de membranas de filtração conhecida pela sua excecional durabilidade, resistência química e estabilidade térmica. Compostas por materiais inorgânicos como a alumina, zircónia ou titânia, as membranas cerâmicas oferecem vantagens únicas em condições de funcionamento difíceis e ambientes de alta temperatura. Esta secção apresenta uma visão geral das membranas cerâmicas, incluindo as suas propriedades, métodos de fabrico e aplicações.

Propriedades das membranas cerâmicas:

*   **Estabilidade química:** As membranas cerâmicas apresentam uma excelente resistência química a ácidos, bases, solventes orgânicos e produtos químicos agressivos, o que as torna adequadas para aplicações industriais exigentes.

*   **Estabilidade térmica:** As membranas cerâmicas podem suportar temperaturas elevadas, o que as torna ideais para processos que requerem temperaturas de funcionamento elevadas ou esterilização a vapor.

*   **Resistência mecânica:** As membranas cerâmicas possuem uma elevada resistência mecânica e durabilidade, permitindo um funcionamento robusto sob altas pressões e tensões mecânicas.

*   **Distribuição estreita do tamanho dos poros:** As membranas cerâmicas têm normalmente uma distribuição estreita do tamanho dos poros, o que resulta numa peneiração molecular precisa e numa elevada eficiência de separação.

*   **Resistência à incrustação:** As membranas cerâmicas são menos propensas a incrustações do que as membranas poliméricas, graças à sua superfície lisa, natureza inerte e resistência à formação de biofilme.

Métodos de fabrico:

- **Extrusão:** A extrusão é um método comum para o fabrico de membranas cerâmicas, envolvendo a extrusão de uma pasta cerâmica através de uma matriz para formar uma estrutura de membrana tubular ou plana. A extrusão permite controlar a morfologia da membrana, o tamanho dos poros e a geometria.

- **Processo Sol-Gel:** O processo sol-gel é utilizado para fabricar membranas cerâmicas através da hidrólise e condensação de alcóxidos metálicos para formar um sol, que é depois depositado num substrato e tratado termicamente para formar uma estrutura de membrana cerâmica densa.

- **Síntese assistida por modelo:** A síntese assistida por modelos envolve a utilização de modelos sacrificiais ou substratos nanoporosos para controlar o tamanho dos poros e a estrutura da membrana cerâmica resultante. Esta técnica permite o fabrico de membranas mesoporosas ordenadas com dimensões precisas dos poros.

- **Pirólise por pulverização:** A pirólise por pulverização envolve a atomização de uma solução precursora contendo precursores cerâmicos e a sua pulverização sobre um substrato aquecido para formar uma película cerâmica fina. Este método é adequado para produzir membranas cerâmicas densas e uniformes com espessura controlada.

Aplicações de membranas cerâmicas:

- **Tratamento de água:** As membranas cerâmicas são amplamente utilizadas em aplicações de tratamento de água, incluindo a purificação de água potável, o tratamento de águas residuais e a dessalinização. Removem sólidos em suspensão, bactérias, vírus e contaminantes das fontes de água, produzindo água limpa e potável.

- **Separação de gases:** As membranas cerâmicas são utilizadas em processos de separação de gás para separar gases com base no seu tamanho, forma e difusividade. São utilizadas em aplicações como a purificação de hidrogénio, o processamento de gás natural e a separação de ar.

- **Processamento químico:** As membranas cerâmicas encontram aplicações nas indústrias de processamento químico para separar e purificar compostos químicos, recuperação de catalisadores e filtração de solventes. São utilizadas em processos como a recuperação de solventes, reactores de membrana catalítica e síntese química.

- **Aplicações biomédicas:** As membranas cerâmicas são utilizadas na investigação biomédica e no diagnóstico clínico para filtração de sangue, diálise e aplicações de bioprocessos. Oferecem excelente biocompatibilidade, durabilidade e resistência a incrustações químicas e biológicas.

- **Remediação ambiental:** As membranas cerâmicas são utilizadas em esforços de recuperação ambiental para o tratamento de águas residuais industriais, remoção de metais pesados e recuperação de recursos valiosos de fluxos de processos. Oferecem um desempenho superior em ambientes químicos e térmicos agressivos em comparação com as membranas poliméricas.

3.3 Membranas compostas

As membranas compósitas representam uma classe de membranas avançadas que combinam as vantagens de diferentes materiais para obter um melhor desempenho e versatilidade. Normalmente constituídas por uma camada selectiva suportada num substrato poroso, as membranas compósitas oferecem uma seletividade, permeabilidade e estabilidade superiores às membranas de camada única. Esta secção apresenta uma visão geral das membranas compósitas, incluindo os seus tipos, métodos de fabrico e aplicações.

Tipos de membranas compostas:

1. **Membranas de compósito de película fina (TFC):** As membranas TFC consistem numa fina camada selectiva depositada sobre um substrato de suporte poroso. A camada selectiva é normalmente composta por um polímero com propriedades de separação específicas, como a poliamida, a polissulfona ou a poliimida, enquanto o substrato de suporte fornece suporte mecânico e integridade estrutural.

2. **Membranas compósitas polimerizadas interfacialmente:** As membranas compostas polimerizadas interfacialmente são formadas pela polimerização de monómeros na interface entre duas fases imiscíveis, normalmente as fases aquosa e orgânica. Esta técnica produz uma camada densa e selectiva em cima de um substrato poroso, resultando em membranas com elevada seletividade e propriedades de rejeição.

3. **Membranas de nanocompósitos:** As membranas de nanocompósitos incorporam nanomateriais, como nanopartículas, nanotubos ou grafeno, na matriz da membrana para aumentar a resistência mecânica, a permeabilidade e a seletividade. Os nanomateriais podem ser dispersos na camada selectiva ou incorporados no substrato de suporte para conferir propriedades únicas à membrana.

4. **Membranas híbridas:** As membranas híbridas combinam diferentes tipos de materiais, como polímeros, cerâmicas ou metais, para criar membranas multifuncionais com propriedades personalizadas. Estas membranas aproveitam os pontos fortes de cada material componente para obter um melhor desempenho em aplicações específicas.

Métodos de fabrico:

- **Deposição camada a camada:** A deposição camada a camada envolve a adsorção sequencial de polielectrólitos ou nanopartículas de carga oposta num substrato para formar uma estrutura fina e alternada de várias camadas. Esta técnica permite um controlo preciso da espessura, composição e propriedades da membrana.

- **Polimerização Interfacial:** A polimerização interfacial é utilizada para fabricar membranas compostas através da polimerização de monómeros na interface entre duas fases imiscíveis, normalmente fases aquosas e orgânicas. Este método produz uma camada densa e selectiva em cima de um substrato de suporte poroso, resultando em membranas com elevada seletividade e propriedades de rejeição.

- **Incorporação de nanopartículas:** As membranas de nanocompósitos são fabricadas através da dispersão de nanopartículas na matriz da membrana durante a moldagem ou síntese da membrana. As nanopartículas podem melhorar a resistência mecânica, aumentar a seletividade e conferir à membrana propriedades antimicrobianas ou de resistência à sujidade.

- **Revestimento Sol-Gel:** O revestimento sol-gel envolve a deposição de uma película fina de material sol-gel num substrato de suporte poroso, seguido de tratamento térmico para formar uma camada densa, semelhante à cerâmica. Este método é utilizado para criar membranas compostas com melhor resistência química, estabilidade térmica e resistência à incrustação.

Aplicações de Membranas Compósitas:

- **Purificação de água:** As membranas compostas são amplamente utilizadas em processos de purificação de água, incluindo dessalinização, tratamento de águas residuais e filtragem de água potável. Removem contaminantes, iões e microorganismos das fontes de água, produzindo água limpa e potável para várias aplicações.

- **Separação de gases:** As membranas compostas encontram aplicações em processos de separação de gases, como a purificação de hidrogénio, o processamento de gás natural e a separação de ar. Separam os gases com base nas diferenças de tamanho, forma e difusividade, permitindo a produção de gases de elevada pureza para aplicações industriais.

- **Dispositivos biomédicos:** As membranas compósitas são utilizadas em dispositivos e sistemas biomédicos para administração de medicamentos, filtragem de sangue, diálise e aplicações de engenharia de tecidos. Oferecem propriedades de libertação controlada, biocompatibilidade e capacidades de separação precisas para aplicações biomédicas.

- **Processamento químico:** As membranas compostas são utilizadas nas indústrias de processamento químico para recuperação de solventes, recuperação de catalisadores e separação de compostos químicos. Proporcionam uma elevada seletividade, permeabilidade e resistência química, o que as torna adequadas para vários processos de separação química.

- **Remediação ambiental:** As membranas compostas desempenham um papel vital nos esforços de recuperação ambiental para o tratamento de águas residuais industriais, a remoção de metais pesados e a recuperação de recursos valiosos dos fluxos de processo. Oferecem um desempenho superior em ambientes químicos e térmicos agressivos em comparação com as membranas de camada única.

3.4 Técnicas de fabrico

As técnicas de fabrico desempenham um papel crucial na determinação da estrutura, das propriedades e do desempenho das membranas. São utilizados vários métodos para fabricar membranas com características adaptadas para satisfazer requisitos de aplicação específicos. Esta secção apresenta uma visão geral das técnicas de fabrico comuns utilizadas na produção de membranas:

1. **Inversão de fase:**

- **Princípio:** A inversão de fases envolve a transformação de uma solução homogénea de polímero numa estrutura de membrana através do processo de separação de fases. Isto é normalmente conseguido por precipitação por imersão, em que a solução de polímero é moldada num substrato e imersa num banho de não-solvente para induzir a separação de fases.

- **Aplicações:** A inversão de fases é amplamente utilizada para fabricar membranas poliméricas, incluindo membranas de microfiltração, ultrafiltração e nanofiltração, com controlo do tamanho dos poros, da porosidade e da morfologia da membrana.

2. **Processo Sol-Gel:**

- **Princípio:** O processo sol-gel envolve a hidrólise e a condensação de moléculas precursoras (por exemplo, alcóxidos metálicos) para formar um sol, que é depois transformado num gel e subsequentemente solidificado para formar uma estrutura de membrana cerâmica. Este método permite um controlo preciso da composição da membrana, do tamanho dos poros e da estrutura.

- **Aplicações:** O processamento Sol-gel é normalmente utilizado para fabricar membranas cerâmicas com elevada resistência química, estabilidade térmica e resistência mecânica, adequadas para aplicações no tratamento de água, separação de gases e processamento químico.

3. **Polimerização Interfacial:**

- **Princípio:** A polimerização interfacial é uma técnica utilizada para fabricar membranas compostas de película fina através da polimerização de monómeros na interface entre duas fases imiscíveis, normalmente fases aquosas e orgânicas. Isto resulta na formação de uma camada densa e selectiva de polímero sobre um substrato poroso.

- **Aplicações:** A polimerização interfacial é utilizada para produzir membranas compostas de película fina para aplicações de osmose inversa, nanofiltração e separação de gases, oferecendo elevadas propriedades de seletividade e rejeição.

4. Electrospinning:

- **Princípio:** A electrospinning envolve a utilização de um campo elétrico para extrair uma solução ou fusão de polímeros em fibras finas, que são recolhidas num substrato para formar uma estrutura de membrana porosa. A electrospinning permite o fabrico de membranas com elevada área de superfície, pequenos diâmetros de fibra e distribuição controlada do tamanho dos poros.

- **Aplicações:** A electrospinning é utilizada para produzir membranas nanofibrosas para aplicações como a engenharia de tecidos, filtração, administração de medicamentos e tratamento de feridas, oferecendo propriedades mecânicas e biocompatibilidade melhoradas.

5. Síntese assistida por modelo:

- **Princípio:** A síntese assistida por modelos utiliza modelos sacrificiais ou substratos nanoporosos para controlar o tamanho dos poros e a estrutura da membrana resultante. Este método permite o fabrico de membranas mesoporosas ordenadas com dimensões precisas dos poros e morfologia uniforme.

- **Aplicações:** A síntese assistida por modelos é utilizada para produzir membranas mesoporosas para aplicações como a peneiração molecular, a separação e a catálise, oferecendo tamanhos de poros ajustáveis e um melhor desempenho de separação.

6. Montagem camada a camada:

- **Princípio:** A montagem camada a camada envolve a adsorção sequencial de polielectrólitos ou nanopartículas de carga oposta num substrato para formar uma estrutura de membrana de várias camadas. Este método permite um controlo preciso da espessura, composição e propriedades da membrana.

- **Aplicações:** A montagem camada a camada é utilizada para fabricar membranas compostas com propriedades personalizadas para aplicações como a administração de medicamentos, a permuta iónica e a separação molecular, oferecendo versatilidade e flexibilidade na conceção de membranas.

7. Moldagem e revestimento de membranas:

- **Princípio:** A moldagem e o revestimento de membranas envolvem a moldagem ou a pulverização de uma solução ou dispersão de polímero num substrato, seguida da evaporação do solvente ou da cura para formar uma estrutura de membrana sólida. Este método permite o fabrico de membranas finas e uniformes com espessura e morfologia controladas.

- **Aplicações:** A moldagem e o revestimento de membranas são utilizados para produzir membranas poliméricas para aplicações como a microfiltração, a ultrafiltração e a separação de gases, oferecendo um fabrico de membranas rentável e escalável.

Capítulo-4 Tipos de processos com membranas

4.1 Microfiltração (MF)

A microfiltração (MF) é um processo de filtração baseado em membranas utilizado para separar sólidos em suspensão, partículas coloidais e microrganismos de líquidos. Funciona com base no princípio da exclusão de tamanho, em que as partículas maiores do que os poros da membrana são retidas, enquanto as partículas mais pequenas e o solvente passam. As membranas MF têm normalmente tamanhos de poros que variam entre 0,1 e 10 pm, o que as torna adequadas para uma vasta gama de aplicações em várias indústrias. Esta secção apresenta uma visão geral da microfiltração, incluindo os seus princípios, aplicações e benefícios.

Princípios da microfiltração:

- **Exclusão de tamanho:** As membranas de microfiltração têm poros maiores do que os das membranas de ultrafiltração e nanofiltração, mas mais pequenos do que os dos meios de filtração convencionais (por exemplo, filtros de areia). Como resultado, retêm seletivamente sólidos em suspensão, bactérias e grandes colóides, deixando passar partículas mais pequenas, solutos dissolvidos e o solvente.

- **Filtração de fluxo cruzado:** A microfiltração é frequentemente efectuada utilizando uma configuração de filtração de fluxo cruzado, em que a solução de alimentação é circulada tangencialmente através da superfície da membrana. Isto cria forças de cisalhamento que ajudam a evitar incrustações, varrendo continuamente as partículas retidas da superfície da membrana.

- **Filtração sem saída:** Nalguns casos, a microfiltração também pode ser conduzida num modo de filtração sem saída, em que a solução de alimentação é passada através da membrana sob pressão. No entanto, a filtração sem saída é mais propensa a incrustações e requer uma limpeza periódica para manter o desempenho da membrana.

Aplicações da microfiltração:

- **Tratamento de água:** A microfiltração é amplamente utilizada em processos de tratamento de água para a remoção de sólidos suspensos, turvação e microorganismos de águas superficiais, águas subterrâneas e águas residuais. É utilizada em estações de tratamento de água potável, instalações de tratamento de águas residuais municipais e sistemas de reutilização de água industrial.

- **Processamento de alimentos e bebidas:** A microfiltração é utilizada na indústria alimentar e de bebidas para clarificar líquidos, remover partículas e obter estabilização microbiana. É aplicada em processos como a clarificação de sumos de fruta, a filtração de vinho e cerveja, o processamento de lacticínios e a clarificação de xaropes de açúcar.

- **Produção Biofarmacêutica:** A microfiltração desempenha um papel crucial no fabrico biofarmacêutico para clarificação de células, concentração de proteínas e filtração estéril de soluções farmacêuticas. Garante a remoção de contaminantes microbianos e partículas, preservando a integridade e a pureza dos produtos biofarmacêuticos.

- **Biotecnologia e Ciências da Vida:** A microfiltração é utilizada na investigação biotecnológica, na filtração laboratorial e nas aplicações das ciências da vida para remoção de partículas, colheita de células e purificação de proteínas. É utilizada em aplicações como a filtragem de meios de cultura de células, a purificação de ADN e a preparação de amostras.

- **Processos industriais:** A microfiltração encontra aplicações em vários processos industriais, incluindo processamento químico, acabamento de metais, fabrico de eletrónica e produção de petróleo e gás. É utilizada para remover partículas, clarificar fluxos de processos e tratar águas residuais em diversos sectores industriais.

Benefícios da microfiltração:

- **Alta Eficiência de Remoção:** As membranas de microfiltração oferecem uma elevada eficiência de remoção de sólidos em suspensão, colóides e microrganismos, garantindo um filtrado limpo e transparente.

- **Separação suave:** A microfiltração funciona a pressões e temperaturas relativamente baixas, proporcionando uma separação suave sem danificar materiais sensíveis ou biomoléculas.

- **Versatilidade:** As membranas de microfiltração estão disponíveis em vários materiais, tamanhos de poros e configurações, permitindo aplicações versáteis em diferentes indústrias e processos.

- **Escalabilidade:** Os sistemas de microfiltração podem ser facilmente aumentados ou reduzidos para satisfazer os requisitos de produção, tornando-os adequados para experiências laboratoriais em pequena escala, bem como para operações industriais em grande escala.

- **Custo-efetividade:** A microfiltração oferece soluções de filtração económicas em comparação com os métodos de separação tradicionais, com menor consumo de energia, menor utilização de produtos químicos e produção mínima de resíduos.

4.2 Ultrafiltração (UF)

A ultrafiltração (UF) é um processo de separação por membranas que funciona segundo o princípio da exclusão baseada no tamanho para separar solutos e partículas de um fluxo líquido. As membranas de UF têm poros mais pequenos do que as membranas de microfiltração, variando normalmente entre 0,001 e 0,1 micrómetros. Esta secção apresenta uma visão geral da ultrafiltração, incluindo os seus princípios, aplicações e vantagens.

Princípios da Ultrafiltração:

- **Exclusão de tamanho:** As membranas de ultrafiltração retêm seletivamente solutos, colóides, macromoléculas e partículas em suspensão com base no seu tamanho e peso molecular. Os solutos maiores do que o tamanho dos poros da membrana são retidos, enquanto os solutos mais pequenos e as moléculas de solvente passam como permeado.

- **Filtração de fluxo cruzado:** A ultrafiltração é frequentemente realizada numa configuração de filtração de fluxo cruzado, em que a solução de alimentação circula tangencialmente através da superfície da membrana. Isto cria forças de cisalhamento que ajudam a minimizar a incrustação, varrendo continuamente as partículas retidas da superfície da membrana.

- **Processo acionado por pressão:** A ultrafiltração baseia-se num gradiente de pressão através da membrana para induzir o transporte de solventes e solutos. A pressão aplicada força o líquido através dos poros da membrana, enquanto os solutos e as partículas maiores do que o tamanho dos poros são retidos na superfície da membrana.

Aplicações da ultrafiltração:

- **Tratamento de água e de águas residuais:** A ultrafiltração é amplamente utilizada em processos de tratamento de água e de águas residuais para a remoção de sólidos em suspensão, bactérias, vírus e macromoléculas. É utilizada em estações de tratamento de água municipais, instalações de tratamento de águas residuais industriais e sistemas descentralizados de purificação de água.

- **Processamento de alimentos e bebidas:** A ultrafiltração é utilizada na indústria alimentar e de bebidas para várias aplicações, incluindo a concentração de proteínas, o processamento de leite e soro de leite, a clarificação de sumos e a filtração de cerveja e vinho. Ajuda a melhorar a qualidade do produto, a reduzir o tempo de processamento e a aumentar o rendimento na produção de alimentos e bebidas.

- **Fabrico Biofarmacêutico:** A ultrafiltração desempenha um papel fundamental nos processos de fabrico biofarmacêutico para purificação de proteínas, remoção de vírus e concentração de biomoléculas. É utilizada no processamento a jusante de produtos biológicos, vacinas, anticorpos monoclonais e proteínas recombinantes.

- **Indústria de lacticínios:** A ultrafiltração é aplicada na indústria de lacticínios para a separação e concentração de componentes do leite, tais como proteínas, gorduras e lactose. Permite a produção de produtos lácteos especiais, como queijo, iogurte e leite em pó, com melhor valor nutricional e propriedades funcionais.

- **Processo e Filtração Industrial:** A ultrafiltração encontra aplicações em vários processos industriais, incluindo processamento químico, acabamento de metais, fabrico de eletrónica e produção farmacêutica. É utilizada para recuperação de produtos, tratamento de águas residuais e remoção de contaminantes de fluxos de processos.

Vantagens da Ultrafiltração:

- **Alta eficiência de separação:** As membranas de ultrafiltração oferecem uma elevada eficiência de separação de partículas, colóides, macromoléculas e microorganismos, assegurando um filtrado limpo e transparente.

- **Separação selectiva:** A ultrafiltração separa seletivamente os solutos com base no tamanho e no peso molecular, permitindo um controlo preciso do processo de separação e a retenção dos componentes desejados.

- **Mínimo de incrustações:** A ultrafiltração funciona a pressões e taxas de cisalhamento moderadas, reduzindo o risco de incrustação e entupimento da membrana em comparação com outros métodos de filtração.

- **Escalabilidade:** Os sistemas de ultrafiltração podem ser facilmente aumentados ou reduzidos para satisfazer os requisitos de produção, tornando-os adequados para experiências laboratoriais em pequena escala, bem como para operações industriais em grande escala.

- **Versatilidade:** As membranas de ultrafiltração estão disponíveis em vários materiais, tamanhos de poros e configurações, permitindo aplicações versáteis em diferentes indústrias e processos.

4.3 Nanofiltração (NF)

A nanofiltração (NF) é um processo de separação baseado em membranas que funciona com base no princípio da exclusão do tamanho e das interacções electrostáticas para separar seletivamente os solutos de um fluxo líquido. As membranas de NF têm poros mais pequenos do que as membranas de ultrafiltração, variando normalmente entre 0,001 e 0,01 micrómetros. Esta secção apresenta uma visão geral da nanofiltração, incluindo os seus princípios, aplicações e vantagens.

Princípios da nanofiltração:

- **Exclusão de tamanho:** As membranas de nanofiltração retêm seletivamente os solutos com base no seu tamanho, peso molecular e carga. Permitem a passagem de iões monovalentes e pequenas moléculas, enquanto retêm seletivamente iões divalentes, iões multivalentes e moléculas maiores.

- **Interacções electrostáticas:** As membranas de nanofiltração também funcionam com base em interacções electrostáticas entre a superfície carregada da membrana e os iões de soluto. A carga superficial da membrana e a seletividade iónica contribuem para a retenção ou rejeição de solutos carregados.

- **Processo acionado por pressão:** A nanofiltração baseia-se num gradiente de pressão através da membrana para induzir o transporte de solventes e solutos. A pressão aplicada força o líquido através dos poros da membrana, ao mesmo tempo que retém seletivamente os solutos com base no seu tamanho e carga.

Aplicações da nanofiltração:

- **Amaciamento da água:** A nanofiltração é normalmente utilizada para aplicações de amaciamento de água, removendo seletivamente iões divalentes, como o cálcio e o magnésio, da água dura. Ajuda a reduzir a incrustação e a sujidade em sistemas de distribuição de água, caldeiras e processos industriais.

- **Remoção de cor:** A nanofiltração é utilizada para a remoção de cor e redução de matéria orgânica em processos de tratamento de água. Remove eficazmente a matéria orgânica natural, taninos, substâncias húmicas e compostos causadores de cor, melhorando a qualidade e a estética da água.

- **Dessalinização:** As membranas de nanofiltração são utilizadas em processos de dessalinização para a dessalinização parcial de água salobra e água do mar. Removem seletivamente iões divalentes e iões multivalentes, permitindo a produção de água de baixa salinidade com um consumo de energia reduzido em comparação com a osmose inversa.

- **Tratamento de águas residuais:** A nanofiltração é utilizada em processos de tratamento de águas residuais para a remoção de poluentes orgânicos, metais pesados e micropoluentes. Permite o tratamento e a reutilização de águas residuais industriais, águas residuais municipais e escoamento agrícola, reduzindo o impacto ambiental e conservando os recursos hídricos.

- **Processamento de alimentos e bebidas:** A nanofiltração é aplicada na indústria alimentar e de bebidas para concentração, fracionamento e purificação de componentes alimentares. É utilizada para a dessalinização, desbaste e desacidificação de sumos de fruta, bem como para a concentração de produtos lácteos e soluções de açúcar.

Vantagens da nanofiltração:

- **Separação selectiva:** As membranas de nanofiltração permitem a separação selectiva de solutos com base no tamanho, peso molecular e carga, permitindo um controlo preciso do processo de separação e a retenção dos componentes desejados.

- **Alta Eficiência de Rejeição:** As membranas de nanofiltração proporcionam uma elevada eficiência de rejeição de iões divalentes, iões multivalentes e moléculas maiores, garantindo a produção de um permeado de alta qualidade com baixa concentração de soluto.

- **Baixo consumo de energia:** A nanofiltração funciona a pressões relativamente baixas em comparação com a osmose inversa, resultando num menor consumo de energia e custos operacionais para aplicações de dessalinização e tratamento de água.

- **Mínimo de incrustações:** As membranas de nanofiltração apresentam uma incrustação reduzida em comparação com as membranas de osmose inversa, devido aos seus poros de maiores dimensões e maior permeabilidade, resultando numa vida útil mais longa da membrana e em menores requisitos de manutenção.

- **Versatilidade:** As membranas de nanofiltração estão disponíveis em vários materiais, tamanhos de poros e configurações, permitindo aplicações versáteis em diferentes indústrias e processos.

4.4 Osmose inversa (RO)

A Osmose Inversa (OR) é um processo de separação baseado em membranas que utiliza a pressão para forçar as moléculas de água através de uma membrana semipermeável, deixando para trás solutos dissolvidos e contaminantes. As membranas de OR têm poros extremamente pequenos, normalmente inferiores a 0,001 micrómetros, o que lhes permite remover eficazmente iões, moléculas e partículas da água. Esta secção apresenta uma visão geral da osmose inversa, incluindo os seus princípios, aplicações e vantagens.

Princípios da Osmose Inversa:

- **Permeação selectiva:** As membranas de osmose inversa são semipermeáveis, permitindo a passagem de moléculas de água enquanto rejeitam solutos dissolvidos, iões e partículas. O tamanho dos poros da membrana e a estrutura molecular determinam os tipos de substâncias que podem passar.

- **Processo acionado por pressão:** A osmose inversa funciona sob pressão para ultrapassar o gradiente de pressão osmótica entre a solução de alimentação e o lado permeado da membrana. A pressão aplicada força as moléculas de água a atravessar a membrana, deixando para trás solutos concentrados e contaminantes na corrente de alimentação.

- **Gradiente de concentração:** A osmose inversa baseia-se no gradiente de concentração entre a solução de alimentação e o lado permeado da membrana para conduzir o transporte de água. À medida que as moléculas de água se deslocam de uma concentração elevada (lado da alimentação) para uma concentração baixa (lado do permeado), os solutos são efetivamente separados e concentrados na corrente de alimentação.

Aplicações da Osmose Inversa:

- **Dessalinização:** A osmose inversa é amplamente utilizada para a dessalinização da água do mar e da água salobra para produzir água potável para beber, irrigação e processos industriais. Remove eficazmente os sais dissolvidos, os minerais e outros contaminantes, permitindo a produção de água doce de alta qualidade.

- **Purificação de água:** A osmose inversa é utilizada em sistemas de purificação de água para a remoção de contaminantes, microorganismos e sólidos dissolvidos da água da torneira, água de poços e fontes de água de superfície. Fornece água potável limpa e segura para aplicações residenciais, comerciais e industriais.

- **Tratamento de águas residuais:** As membranas de osmose inversa são utilizadas em estações de tratamento de águas residuais para a purificação e reciclagem de águas residuais industriais, águas residuais municipais e escoamento agrícola. Removem poluentes, metais pesados e químicos nocivos, produzindo água reutilizável para proteção ambiental e conservação de recursos.

- **Tratamento de águas de processo:** A osmose inversa é aplicada em várias indústrias, incluindo a farmacêutica, a eletrónica, a produção de energia e o fabrico de alimentos e bebidas, para o tratamento e purificação da água de processo. Garante a qualidade e a consistência da água utilizada nos processos de fabrico, no funcionamento do equipamento e na formulação do produto.

- **Aquário e Aquacultura:** A osmose inversa é utilizada em sistemas de aquário e aquacultura para filtragem e condicionamento da água. Remove impurezas, toxinas e substâncias nocivas da água, criando um ambiente saudável para os organismos aquáticos e promovendo o crescimento e a reprodução.

Vantagens da Osmose Inversa:

- **Elevada eficiência de rejeição:** As membranas de osmose inversa oferecem uma elevada eficiência de rejeição de sólidos dissolvidos, iões e contaminantes, produzindo água limpa e pura com baixos níveis de condutividade e TDS (Total de Sólidos Dissolvidos).

- **Design compacto e modular:** Os sistemas de osmose inversa são compactos, modulares e escaláveis, permitindo uma instalação e funcionamento flexíveis em várias aplicações e ambientes.

- **Eficiência energética:** A osmose inversa funciona com um consumo de energia relativamente baixo em comparação com outros processos de dessalinização, como a destilação térmica, resultando em custos operacionais e impacto ambiental mais baixos.

- **Fiáveis e robustas:** As membranas de osmose inversa são duráveis, fiáveis e resistentes a incrustações, incrustações e degradação química, garantindo um desempenho e uma eficiência a longo prazo.

- **Versatilidade:** As membranas de osmose inversa podem ser personalizadas com diferentes materiais, configurações e tamanhos de poros para satisfazer requisitos específicos de tratamento de água e necessidades de aplicação.

4.5 4.5 Osmose direta (FO)

A osmose direta (FO) é um processo emergente de separação baseado em membranas que utiliza um gradiente de pressão osmótica para separar solutos de um solvente. Ao contrário da osmose inversa, em que a água é forçada a passar através de uma membrana contra o seu gradiente osmótico natural, a osmose direta funciona permitindo que a água passe através de uma membrana semipermeável para uma solução mais concentrada, impulsionada pela diferença de pressão osmótica. Esta secção apresenta uma visão geral da osmose direta, incluindo os seus princípios, aplicações e vantagens.

Princípios da osmose direta:

- **Gradiente osmótico:** A osmose direta baseia-se no gradiente de pressão osmótica entre uma solução de alimentação (contendo solutos) e uma solução de extração (solução mais concentrada). A água flui naturalmente da solução de alimentação através de uma membrana semipermeável para a solução de extração, impulsionada pela diferença de pressão osmótica.

- **Permeação selectiva:** A membrana semipermeável utilizada na osmose direta permite a passagem de moléculas de água, rejeitando seletivamente solutos, iões e partículas. Este processo de permeação selectiva resulta na separação da água dos solutos, produzindo uma solução de extração diluída e uma solução de alimentação concentrada.

- **Baixo consumo de energia:** A osmose direta funciona com um baixo consumo de energia em comparação com outros processos de membrana, como a osmose inversa, porque utiliza a diferença de pressão osmótica entre as soluções para conduzir o transporte de água através da membrana.

Aplicações da osmose direta:

- **Dessalinização:** A osmose direta está a ser explorada para aplicações de dessalinização, particularmente em combinação com fontes de energia renováveis, como a solar ou o calor residual. Ao utilizar uma solução de extração concentrada, a osmose direta pode extrair eficazmente água doce da água do mar ou da água salobra com um consumo mínimo de energia.

- **Tratamento de águas residuais:** A osmose direta é utilizada em processos de tratamento de águas residuais para concentrar e desidratar fluxos de águas residuais, lamas e salmouras. Pode ser utilizada para recuperar recursos valiosos, como nutrientes ou metais, de águas residuais industriais ou esgotos municipais, enquanto produz um fluxo de resíduos mais concentrado para eliminação ou tratamento posterior.

- **Processamento de alimentos e bebidas:** A osmose direta é aplicada na indústria alimentar e de bebidas para concentração, desidratação e preservação de produtos alimentares líquidos. Pode ser utilizada para concentrar sumos de fruta, produtos lácteos e extractos de vegetais, bem como para remover água de produtos alimentares para secagem ou embalagem estável.

- **Aplicações médicas e farmacêuticas:** A osmose direta tem aplicações potenciais nos domínios médico e farmacêutico para a administração de medicamentos, sistemas de libertação osmótica controlada e engenharia de tecidos. Pode ser utilizada para encapsular fármacos ou compostos bioactivos em cápsulas osmóticas para libertação controlada no corpo ou para criar estruturas para regeneração de tecidos.

Vantagens da osmose direta:

- **Baixo consumo de energia:** A osmose direta funciona com um baixo consumo de energia em comparação com outros processos de membrana, o que a torna potencialmente mais económica e ambientalmente sustentável, particularmente quando utiliza fontes de energia renováveis.

- **Mínimo de incrustações:** As membranas de osmose direta são menos propensas a incrustações em comparação com as membranas de osmose inversa, porque a diferença de pressão osmótica ajuda a evitar as incrustações, minimizando o contacto entre os solutos e a superfície da membrana.

- **Versatilidade:** A osmose direta pode ser aplicada a uma vasta gama de soluções de alimentação e soluções de extração, permitindo aplicações versáteis em várias indústrias, incluindo o tratamento de água, o processamento de alimentos, a gestão de águas residuais e a investigação biomédica.

- **Recuperação de recursos:** A osmose direta permite a recuperação de recursos valiosos, tais como água doce a partir de água do mar ou água salobra, nutrientes a partir de águas residuais e produtos alimentares concentrados a partir de soluções diluídas, contribuindo para a conservação e sustentabilidade dos recursos.

- **Tratamento suave:** A osmose direta funciona em condições suaves, com requisitos de baixa pressão e temperatura, minimizando o risco de danos em materiais sensíveis ou componentes biológicos, tornando-a adequada para uma vasta gama de aplicações.

Capítulo-5 Aplicações industriais da tecnologia de membranas

5.1 Tratamento de água e dessalinização

O tratamento da água e a dessalinização são processos críticos para garantir a disponibilidade de água limpa e potável, para fazer face à escassez de água e para satisfazer a procura crescente de recursos de água doce. A tecnologia de membranas, incluindo processos como a osmose inversa (OR), a nanofiltração (NF) e a osmose direta (FO), desempenha um papel vital no tratamento e dessalinização da água, removendo eficazmente contaminantes, sais e impurezas das fontes de água. Esta secção explora as aplicações, benefícios e desafios dos processos baseados em membranas no tratamento e dessalinização da água.

Aplicações da tecnologia de membranas:

- **Dessalinização:** Os processos de membrana, particularmente a osmose inversa (OR), são amplamente utilizados para a dessalinização da água do mar e da água salobra para produzir água potável. As membranas de OR removem eficazmente os sais dissolvidos, os minerais e outros contaminantes, permitindo a produção de água doce adequada para consumo, irrigação e utilização industrial.

- **Purificação de água:** Os processos de filtração por membranas, incluindo a microfiltração (MF), a ultrafiltração (UF) e a nanofiltração (NF), são utilizados em sistemas de purificação de água para a remoção de sólidos em suspensão, microrganismos e poluentes dissolvidos. Estes processos garantem a produção de água potável limpa e segura a partir de várias fontes de água, incluindo águas superficiais, águas subterrâneas e águas residuais.

- **Gestão de salmoura:** As tecnologias de membranas são utilizadas em sistemas de gestão de salmoura para concentrar e tratar os fluxos de salmoura gerados durante a dessalinização e os processos industriais. A osmose direta (FO) e outros processos de membrana podem recuperar a água doce dos fluxos de salmoura, minimizando o impacto ambiental e reduzindo os custos de eliminação.

- **Tratamento de águas residuais:** Os bioreactores de membrana (MBR) combinam o tratamento biológico com a filtração por membrana para tratar águas residuais municipais, efluentes industriais e escoamento agrícola. Os MBRs removem eficazmente os poluentes orgânicos, os agentes patogénicos e os sólidos em suspensão, produzindo efluentes de alta qualidade adequados para reutilização ou descarga no ambiente.

Vantagens da tecnologia de membranas:

- **Alta Eficiência de Remoção:** Os processos de membrana oferecem uma elevada eficiência de remoção de contaminantes, sais e impurezas, garantindo a produção de água limpa e pura com baixas concentrações de poluentes.

- **Escalabilidade:** Os sistemas de membranas são escaláveis e adaptáveis a várias capacidades de tratamento de água, permitindo uma instalação e funcionamento flexíveis em aplicações de pequena e grande escala.

- **Eficiência energética:** Os processos baseados em membranas funcionam com um consumo de energia relativamente baixo em comparação com os métodos tradicionais de tratamento de água, como a destilação térmica ou a precipitação química, o que resulta em custos de funcionamento mais baixos e num impacto ambiental reduzido.

- **Modularidade:** Os sistemas de membranas são modulares e podem ser facilmente integrados nas infra-estruturas de tratamento de água existentes ou utilizados como unidades autónomas, proporcionando flexibilidade e facilidade de manutenção.

- **Sustentabilidade ambiental:** Os processos de membrana promovem a sustentabilidade ambiental, reduzindo a necessidade de aditivos químicos, minimizando a produção de resíduos e conservando os recursos hídricos através da reutilização e reciclagem eficientes.

5.2 Indústria alimentar e de bebidas

A tecnologia de membranas revolucionou a indústria alimentar e de bebidas ao fornecer soluções eficientes e versáteis para vários desafios de processamento. Desde a concentração e purificação até à clarificação e fracionamento, os processos de membrana desempenham um papel crucial na melhoria da qualidade do produto, no aumento da eficiência do processo e na garantia da segurança alimentar. Esta secção explora as aplicações, benefícios e desafios da tecnologia de membranas na indústria alimentar e de bebidas.

Aplicações da tecnologia de membranas:

- **Filtração e clarificação:** A microfiltração (MF) e a ultrafiltração (UF) são normalmente utilizadas para a filtração e clarificação de bebidas, incluindo sumos de fruta, vinho, cerveja e produtos lácteos. A filtração por membranas remove sólidos em suspensão, leveduras, bactérias e outras partículas, resultando em produtos claros e estáveis com um prazo de validade alargado.

- **Concentração e fracionamento:** A osmose inversa (OR) e a nanofiltração (NF) são utilizadas para a concentração e o fracionamento de componentes de alimentos e bebidas, tais como concentrados de sumo de fruta, proteínas do leite e soluções de açúcar. Esses processos permitem a remoção de água enquanto retêm os solutos, sabores e nutrientes desejados, resultando em produtos concentrados com sabor e valor nutricional aprimorados.

- **Desbitagem e Dessalinização:** Os processos de membrana, incluindo a eletrodiálise (ED) e a nanofiltração (NF), são utilizados para a desbaste e dessalinização de produtos alimentares, tais como sumos de citrinos e vegetais em salmoura. Estes processos removem seletivamente compostos amargos, sal e minerais, melhorando o sabor, a textura e a qualidade geral do produto.

- **Processamento de produtos lácteos:** A tecnologia de membranas é amplamente utilizada no processamento de lacticínios para o fracionamento do leite, concentração da proteína do soro e remoção da lactose. A ultrafiltração (UF) e a microfiltração (MF) permitem a separação dos componentes do leite, tais como proteínas, gorduras e lactose, para a produção de queijo, iogurte e outros produtos lácteos.

- **Produção de ingredientes funcionais:** Os processos de membrana são utilizados para a produção de ingredientes alimentares funcionais, tais como isolados de proteínas, péptidos e compostos bioactivos. A ultrafiltração (UF) e a nanofiltração (NF) facilitam a extração e purificação de proteínas, antioxidantes, vitaminas e outras moléculas bioactivas a partir de fontes alimentares, permitindo o desenvolvimento de alimentos funcionais com propriedades promotoras de saúde.

Vantagens da tecnologia de membranas:

- **Qualidade do produto:** Os processos de membrana preservam o sabor natural, o aroma e as propriedades nutricionais dos produtos alimentares e bebidas através de uma separação suave e de uma exposição mínima ao calor, garantindo produtos finais de elevada qualidade que satisfazem as expectativas dos consumidores.

- **Eficiência do processo:** A tecnologia de membranas oferece uma elevada eficiência, produtividade e rendimento no processamento de alimentos e bebidas, levando a uma redução do tempo de processamento, do consumo de energia e da produção de resíduos em comparação com os métodos tradicionais.

- **Personalização:** Os processos de membrana podem ser adaptados aos requisitos específicos do produto e aos objectivos de processamento, permitindo um controlo preciso da composição, concentração e funcionalidade dos produtos alimentares e bebidas.

- **Segurança e Higiene:** A filtração por membranas garante a segurança e higiene alimentar, removendo eficazmente agentes patogénicos, bactérias e contaminantes dos fluxos de processo, reduzindo o risco de contaminação microbiana e garantindo a conformidade com os regulamentos de segurança alimentar.

- **Sustentabilidade:** Os processos de membrana promovem a sustentabilidade na indústria alimentar e de bebidas, minimizando a utilização de água, reduzindo os aditivos químicos e optimizando a utilização de recursos através da recuperação e reciclagem eficientes de componentes valiosos.

5.3 Aplicações farmacêuticas e biomédicas

A tecnologia de membranas desempenha um papel crucial nas aplicações farmacêuticas e biomédicas, oferecendo soluções eficientes para a administração de medicamentos, separação, purificação e análise. Os processos de membrana permitem um controlo preciso do tamanho das partículas, do peso molecular e da composição, facilitando a produção de produtos farmacêuticos com elevada pureza, eficácia e segurança. Esta secção explora as diversas aplicações, benefícios e desafios da tecnologia de membranas nos domínios farmacêutico e biomédico.

Aplicações da tecnologia de membranas:

- **Sistemas de administração de medicamentos:** Os sistemas de administração de fármacos baseados em membranas, como os adesivos transdérmicos, as matrizes de microagulhas e os implantes com eluição de fármacos, permitem a libertação controlada e a administração orientada de agentes terapêuticos. Os materiais e estruturas das membranas podem ser concebidos para modular a cinética de libertação dos fármacos, melhorar a biodisponibilidade e aumentar a adesão dos doentes.

- **Separação e purificação biológica:** A ultrafiltração (UF) e a diafiltração são normalmente utilizadas para a separação e purificação de biomoléculas, tais como proteínas, péptidos, anticorpos e ácidos nucleicos. Estes processos permitem o isolamento de moléculas alvo de misturas biológicas complexas, facilitando o processamento a jusante no fabrico biofarmacêutico.

- **Cultura de Células e Engenharia de Tecidos:** A tecnologia de membranas desempenha um papel fundamental nos sistemas de cultura de células e nas aplicações de engenharia de tecidos para a separação de células, filtração e fabrico de andaimes. Os filtros de membrana e as membranas porosas fornecem substratos para o crescimento celular, troca de nutrientes e remoção de resíduos, permitindo o desenvolvimento de tecidos e órgãos funcionais para a medicina regenerativa.

- **Formulação Farmacêutica:** A filtração por membrana é utilizada em processos de formulação farmacêutica para esterilização, clarificação e remoção de partículas. A microfiltração (MF) e a filtração estéril garantem a remoção de microorganismos, endotoxinas e partículas de formulações de medicamentos, soluções injetáveis e produtos parenterais, garantindo a segurança e a estabilidade do produto.

- **Técnicas Analíticas:** As técnicas analíticas baseadas em membranas, como a cromatografia de membranas, a eletroforese e os imunoensaios, são utilizadas para a análise, deteção e quantificação de biomoléculas. Estas técnicas fornecem métodos rápidos, sensíveis e selectivos para o controlo da qualidade farmacêutica, o rastreio de medicamentos e a análise de biomarcadores.

Vantagens da tecnologia de membranas:

- **Elevada Pureza e Seletividade:** Os processos de membrana oferecem uma elevada pureza e seletividade na separação e purificação de produtos farmacêuticos, assegurando a remoção de impurezas, contaminantes e endotoxinas, ao mesmo tempo que retêm as moléculas e biomoléculas desejadas.

- **Controlo preciso:** A tecnologia de membranas permite um controlo preciso do tamanho das partículas, do peso molecular e da composição, permitindo uma conceção e otimização personalizadas dos sistemas de administração de medicamentos, dos processos de separação e dos métodos analíticos.

- **Processamento suave:** Os processos baseados em membranas funcionam em condições suaves, com uma exposição mínima ao calor, produtos químicos ou tensão mecânica, preservando a integridade e a atividade de compostos farmacêuticos e materiais biológicos sensíveis.

- **Aumento de escala e automatização:** Os sistemas de membranas são escaláveis e passíveis de automatização, facilitando o aumento de escala do processo, a reprodutibilidade e a garantia de qualidade no fabrico de produtos farmacêuticos e na investigação biomédica.

- **Impacto ambiental reduzido:** Os processos de membrana consomem menos energia, água e produtos químicos em comparação com os métodos de separação tradicionais, levando a uma redução da pegada ambiental e à conservação de recursos na produção farmacêutica e em aplicações biomédicas.

5.4 Indústria química e petroquímica

A tecnologia de membranas desempenha um papel crucial na indústria química e petroquímica, oferecendo soluções eficientes para a separação, purificação e concentração de vários produtos químicos, solventes e hidrocarbonetos. Os processos de membrana permitem a recuperação de produtos valiosos, a remoção de impurezas e a conformidade ambiental, contribuindo para uma maior eficiência e sustentabilidade do processo. Esta secção explora as diversas aplicações, benefícios e desafios da tecnologia de membranas nos sectores químico e petroquímico.

Aplicações da tecnologia de membranas:

- **Separação de gases:** Os processos de separação de gás por membrana, como a permeação de gás e a permeação de vapor, são utilizados para separar e purificar gases na indústria química e petroquímica. Os sistemas de membranas são utilizados no processamento de gás natural, na purificação de hidrogénio, na captura de dióxido de carbono e em aplicações de separação de ar.

- **Recuperação de solventes:** Os sistemas de recuperação de solventes com base em membranas, incluindo a pervaporação e a permeação de vapor, são utilizados para recuperar e reciclar solventes de fluxos de processos em operações de fabrico de produtos químicos. Os processos de membrana permitem a remoção de compostos orgânicos voláteis (COVs), aromáticos e outros contaminantes dos fluxos de solventes, reduzindo o consumo de solventes e a geração de resíduos.

- **Tratamento de água: Os** processos de filtração e dessalinização por membranas são utilizados para o tratamento de água e gestão de águas residuais em instalações químicas e petroquímicas. Os sistemas de osmose inversa (OR), nanofiltração (NF) e ultrafiltração (UF) são utilizados para o tratamento de água de processo, água de arrefecimento e fluxos de águas residuais, garantindo a conformidade com os regulamentos ambientais e os objectivos de reutilização da água.

- **Purificação de produtos:** Os processos de membrana são utilizados para a purificação e separação de produtos em processos de síntese química e de refinação petroquímica. Os sistemas de ultrafiltração (UF), nanofiltração (NF) e osmose inversa (RO) permitem a remoção de impurezas, contaminantes e subprodutos de fluxos químicos e de hidrocarbonetos, melhorando a qualidade e o rendimento do produto.

- **Reactores de membrana:** Os reactores de membrana combinam reacções químicas com separação por membrana para melhorar a cinética, a seletividade e a eficiência da reação. Os reactores integrados em membranas são utilizados em processos catalíticos, produção de olefinas e reacções de hidrogenação, permitindo a separação in situ e a recuperação de produtos, minimizando as reacções secundárias e a desativação do catalisador.

Vantagens da tecnologia de membranas:

- **Recuperação de recursos:** Os processos de membrana permitem a recuperação e reciclagem de recursos valiosos, incluindo solventes, água e produtos químicos, a partir de fluxos de processos na indústria química e petroquímica. A recuperação de recursos reduz o consumo de matérias-primas, a produção de resíduos e o impacto ambiental, contribuindo para a sustentabilidade e a redução de custos.

- **Intensificação de processos:** A tecnologia de membranas facilita a intensificação do processo através da integração de várias etapas do processo, como a separação, a purificação e a concentração, em sistemas de membranas compactos e eficientes. A integração de processos reduz a pegada, o consumo de energia e o investimento de capital em comparação com os métodos de separação convencionais.

- **Eficiência energética:** Os processos de membrana funcionam com um consumo de energia relativamente baixo em comparação com os métodos de separação térmica, como a destilação e a evaporação, o que leva a uma redução dos custos de funcionamento e da pegada ambiental na produção química e petroquímica.

- **Conformidade ambiental:** A tecnologia de membranas ajuda as fábricas químicas e petroquímicas a cumprir os regulamentos ambientais e as normas de emissões, permitindo a remoção de poluentes, contaminantes e substâncias perigosas dos fluxos de processo. Os processos de filtração e separação por membranas contribuem para a prevenção da poluição, conservação de recursos e desenvolvimento sustentável.

- **Versatilidade:** Os sistemas de membranas são versáteis e adaptáveis a várias composições químicas, condições de processo e requisitos de aplicação na indústria química e petroquímica. Os materiais, configurações e parâmetros de funcionamento das membranas podem ser adaptados aos objectivos específicos do processo, permitindo soluções personalizadas para diferentes aplicações.

5.5 Remediação ambiental

A tecnologia de membranas é uma ferramenta valiosa nos esforços de recuperação ambiental, oferecendo soluções eficientes e sustentáveis para o tratamento de água, solo e ar contaminados. Os processos de membranas permitem a remoção de poluentes, contaminantes e substâncias perigosas das matrizes ambientais, contribuindo para a recuperação e proteção dos ecossistemas, da saúde pública e dos recursos naturais. Esta secção explora as diversas aplicações, benefícios e desafios da tecnologia de membranas na recuperação ambiental.

Aplicações da tecnologia de membranas:

- **Tratamento de água:** Os processos de filtração por membranas, incluindo a osmose inversa (OR), a nanofiltração (NF) e a ultrafiltração (UF), são amplamente utilizados no tratamento de fontes de água contaminadas, incluindo águas subterrâneas, águas superficiais e efluentes industriais. Os sistemas de membranas removem poluentes, metais pesados, microorganismos e contaminantes orgânicos, produzindo água limpa e segura para consumo, irrigação e descarga ambiental.

- **Remediação de águas residuais:** Os sistemas de tratamento de águas residuais baseados em membranas, como os biorreactores de membrana (MBR) e a destilação por membrana (MD), são utilizados para tratar águas residuais municipais, efluentes industriais e escoamento agrícola. Os processos de membrana permitem a remoção de sólidos suspensos, agentes patogénicos, nutrientes e contaminantes emergentes, produzindo efluentes adequados para reutilização ou descarga nas massas de água receptoras.

- **Remediação de solos e águas subterrâneas:** As tecnologias de membranas in situ e ex situ, como as barreiras reactivas permeáveis (PRB) e os contactores de membranas, são utilizadas para tratar solos e águas subterrâneas contaminados em locais de resíduos perigosos e instalações industriais. As barreiras de membrana e as membranas facilitam a remoção de compostos orgânicos voláteis (COV), hidrocarbonetos de petróleo e metais pesados através de processos de adsorção, filtração e permuta iónica.

- **Controlo da poluição atmosférica:** As tecnologias de controlo da poluição atmosférica baseadas em membranas, tais como contactores de membranas e sistemas de separação por membranas, são utilizadas para capturar e tratar emissões atmosféricas de processos industriais, fontes de combustão e emissões de compostos orgânicos voláteis (COV). Os sistemas de membranas removem poluentes, partículas e gases, reduzindo a poluição do ar e mitigando o impacto ambiental.

- **Dessalinização e gestão de salmoura:** Os processos de dessalinização por membranas, incluindo a osmose inversa (OR) e a eletrodiálise (ED), são utilizados para tratar água salobra, água do mar e fluxos de salmoura gerados durante a dessalinização e os processos industriais. Os sistemas de membranas produzem água doce para uso potável e aplicações industriais, gerindo simultaneamente a descarga de salmoura e minimizando o impacto ambiental.

Vantagens da tecnologia de membranas:

- **Remoção de poluentes:** Os processos com membranas oferecem uma elevada eficiência de remoção de uma vasta gama de poluentes, contaminantes e substâncias perigosas, incluindo metais pesados, compostos orgânicos, microrganismos e contaminantes emergentes, assegurando uma remediação eficaz de meios ambientais contaminados.

- **Recuperação de recursos:** A tecnologia de membranas permite a recuperação e reutilização de recursos valiosos, como água, nutrientes e energia, a partir de fluxos de água e águas residuais contaminadas. A recuperação de recursos reduz o consumo de matérias-primas, a produção de resíduos e o impacto ambiental, promovendo a sustentabilidade e os princípios da economia circular.

- **Remediação de locais:** As barreiras de membrana e as tecnologias baseadas em membranas fornecem soluções económicas e amigas do ambiente para a remediação de locais contaminados, incluindo zonas industriais abandonadas, aterros e instalações industriais. Os sistemas de membranas isolam, tratam e contêm os contaminantes, impedindo a migração e a dispersão no solo, nas águas subterrâneas e nas águas superficiais.

- **Versatilidade:** A tecnologia de membrana é versátil e adaptável a várias matrizes ambientais, contaminantes e objectivos de remediação, permitindo soluções personalizadas adaptadas a condições específicas do local, requisitos regulamentares e objectivos de remediação.

- **Proteção ambiental:** Os processos com membranas contribuem para a proteção e conservação do ambiente, reduzindo a poluição, salvaguardando os recursos naturais e restaurando os ecossistemas afectados pela contaminação. As tecnologias de remediação baseadas em membranas promovem o desenvolvimento sustentável, a saúde pública e a resiliência ecológica em ambientes contaminados.

Capítulo-6 Avanços na tecnologia das membranas

6.1 Projectos de módulos de membrana

A conceção dos módulos de membrana desempenha um papel fundamental no desempenho, eficiência e fiabilidade dos processos baseados em membranas. Os módulos de membrana são as unidades estruturais que contêm elementos de membrana e facilitam o fluxo de fluidos, a separação e os processos de transporte. Esta secção explora as várias concepções de módulos de membrana, incluindo as suas características, vantagens e aplicações em diferentes indústrias.

Tipos de concepções de módulos de membrana:

- . **Módulos enrolados em espiral:** Os módulos enrolados em espiral consistem em elementos de membrana plissados ou de folha plana enrolados à volta de um tubo central perfurado. A solução de alimentação flui através das camadas da membrana, enquanto o permeado é recolhido no tubo central. Os módulos enrolados em espiral são compactos, económicos e amplamente utilizados em aplicações de tratamento de água, incluindo osmose inversa (RO) e nanofiltração (NF).

- . **Módulos de fibra oca:** Os módulos de fibra oca apresentam feixes de membranas de fibra oca alojados num invólucro cilíndrico. A solução de alimentação flui através dos lúmens das fibras ocas, enquanto o permeado é recolhido do lado do invólucro. Os módulos de fibra oca oferecem alta densidade de empacotamento, área de superfície e velocidade do fluido, tornando-os adequados para aplicações de ultrafiltração (UF) e microfiltração (MF) no tratamento de água, tratamento de águas residuais e bioprocessamento.

- . **Módulos tubulares:** Os módulos tubulares consistem em tubos de membrana individuais montados no interior de um recipiente sob pressão ou de uma caixa de módulo. A solução de alimentação flui através do lúmen dos tubos de membrana, enquanto o permeado é recolhido do lado do invólucro. Os módulos tubulares são robustos, versáteis e adequados para aplicações de alta pressão, como osmose reversa (RO), nanofiltração (NF) e separação de gás.

- . **Módulos de placa e estrutura:** Os módulos de placa e estrutura apresentam elementos de membrana de folha plana dispostos numa pilha entre placas e estruturas rígidas. A solução de alimentação flui através de canais alternados formados por folhas de membrana adjacentes, enquanto o permeado é recolhido dos espaços entre as placas. Os módulos de placa e estrutura oferecem flexibilidade, facilidade de limpeza e escalabilidade, tornando-os adequados para testes em escala de laboratório e aplicações em pequena escala.

- . **Módulos enrolados em espiral:** Os módulos enrolados em espiral combinam os princípios de conceção dos módulos enrolados em espiral e tubulares, apresentando elementos de membrana dispostos numa configuração em espiral no interior de um invólucro cilíndrico. A solução de alimentação flui através dos canais em espiral formados pelos elementos da membrana, enquanto o permeado é recolhido a partir do tubo central ou do lado do invólucro. Os módulos enrolados em espiral oferecem uma elevada densidade de empacotamento, turbulência e transferência de massa, tornando-os adequados para a separação de gases, pervaporação e destilação por membrana.

Factores que influenciam a conceção de módulos de membrana:

- **Material e configuração da membrana:** A escolha do material da membrana (polimérico, cerâmico, compósito) e a configuração (folha plana, fibra oca, tubular) influenciam a seleção do design do módulo com base na compatibilidade, requisitos de desempenho e considerações de fabrico.

- **Condições do processo:** Os parâmetros de funcionamento, como a pressão, a temperatura, o caudal e as propriedades do fluido (viscosidade, propensão para a formação de incrustações) determinam a adequação de diferentes concepções de módulos a aplicações e condições de processo específicas.

- **Escalabilidade e área de implantação:** A conceção do módulo de membrana deve ser escalável para acomodar capacidades e volumes de produção variáveis, optimizando a utilização do espaço e minimizando a área ocupada em aplicações industriais.

- **Desempenho hidráulico:** As características hidráulicas, incluindo a distribuição do fluxo, a queda de pressão e a dinâmica dos fluidos, afectam o desempenho e a eficiência dos módulos de membrana em termos de fluxo de permeado, eficiência de separação e resistência à incrustação.

- **Limpeza e manutenção:** A facilidade de limpeza, manutenção e acessibilidade dos módulos de membrana influenciam a sua fiabilidade, longevidade e custos operacionais ao longo do ciclo de vida dos processos baseados em membranas.

Aplicações de projectos de módulos de membrana:

- **Tratamento de água:** Os módulos de membrana são amplamente utilizados em aplicações de tratamento de água e de águas residuais, incluindo processos de dessalinização, filtração e purificação para fontes de água municipais, industriais e agrícolas.

- **Bioprocessamento:** Os módulos de membrana desempenham um papel vital em aplicações de bioprocessamento, tais como fermentação, cultura de células e purificação de proteínas, permitindo a separação e concentração de biomoléculas, células e culturas microbianas.

- **Processamento químico:** Os módulos de membrana são utilizados nas indústrias de processamento químico para recuperação de solventes, purificação de produtos e intensificação de processos, melhorando a eficiência, a sustentabilidade e a utilização de recursos.

- **Remediação ambiental:** Os módulos de membrana são utilizados em projectos de remediação ambiental para o tratamento de água, solo e ar contaminados, facilitando a remoção de poluentes, contaminantes e substâncias perigosas.

- **Separação de energia e gás:** Os módulos de membrana são utilizados para aplicações de separação de energia e gás, incluindo a purificação de hidrogénio, a captura de carbono e o processamento de gás natural, contribuindo para a eficiência energética e a sustentabilidade ambiental.

6.2 Modificação e funcionalização de superfícies

A modificação e a funcionalização da superfície são estratégias cruciais na tecnologia de membranas, destinadas a melhorar o desempenho, a seletividade e a estabilidade das membranas. Ao alterar as propriedades da superfície das membranas, como a molhabilidade, a carga e a rugosidade, as técnicas de modificação da superfície podem melhorar a resistência da membrana à incrustação, a eficiência da separação e a durabilidade. Esta secção explora vários métodos de modificação e funcionalização da superfície utilizados na tecnologia de membranas e as suas aplicações em diferentes indústrias.

Técnicas de modificação de superfícies:

1. **Modificação química:** A modificação química envolve o tratamento das superfícies das membranas com agentes reactivos, grupos funcionais ou revestimentos para alterar a química e as propriedades da superfície. Os métodos comuns de modificação química incluem a polimerização por enxerto, o tratamento por plasma e a deposição de vapor químico (CVD), que introduzem grupos funcionais, revestimentos hidrofílicos ou hidrofóbicos ou escovas moleculares nas superfícies das membranas.

2. **Modificação física:** As técnicas de modificação física modificam as superfícies das membranas através de meios físicos, como a irradiação, o tratamento UV/ozona ou a abrasão mecânica. Estes métodos podem alterar a morfologia, a rugosidade e a topografia da superfície, afectando a energia da superfície, as propriedades de adesão e a resistência à incrustação das membranas.

3. **Revestimento de superfície:** O revestimento da superfície envolve a aplicação de películas finas, camadas ou nanopartículas nas superfícies das membranas para conferir funcionalidades ou propriedades específicas. Os materiais de revestimento podem incluir polímeros, nanopartículas, zeólitos ou óxidos metálicos, proporcionando maior seletividade, atividade catalítica ou propriedades antimicrobianas às membranas.

4. **Montagem camada a camada:** A montagem camada a camada (LBL) envolve a deposição sequencial de camadas alternadas de polielectrólitos ou nanopartículas nas superfícies das membranas através de interacções electrostáticas ou ligações covalentes. A montagem LBL pode criar películas ultrafinas com controlo preciso da espessura, composição e funcionalidade, permitindo propriedades de superfície personalizadas e efeitos de peneiração molecular.

5. **Ligações cruzadas de superfície:** As técnicas de reticulação de superfície envolvem a formação de ligações cruzadas covalentes ou físicas entre cadeias de polímeros ou grupos funcionais nas superfícies das membranas. A reticulação aumenta a estabilidade da membrana, a força mecânica e a resistência química, reduzindo o inchaço, a lixiviação e a degradação das membranas em condições de funcionamento difíceis.

Abordagens de funcionalização:

1. **Hidrofilização:** A hidrofilização tem como objetivo aumentar a molhabilidade da membrana e a permeabilidade à água através da introdução de grupos funcionais hidrofílicos, tais como grupos hidroxilo (-OH), carboxilo (-COOH) ou amino (-NH2), nas superfícies da membrana. As membranas hidrofílicas apresentam uma resistência melhorada à incrustação, uma adesão reduzida de sujidade e taxas de fluxo melhoradas em aplicações de tratamento e filtração de água.

2. **Modificação anti-incrustante:** As estratégias de modificação anti-incrustante visam minimizar a incrustação da membrana e a diminuição do desempenho induzida pela incrustação, conferindo propriedades resistentes à incrustação às superfícies da membrana. Os revestimentos anti-incrustantes, os polímeros zwitteriónicos ou os padrões de superfície podem atenuar a incrustação repelindo os incrustantes, inibindo a formação de biofilme ou facilitando a separação da camada de incrustação.

3. **Funcionalização selectiva:** A funcionalização selectiva visa interacções moleculares específicas ou mecanismos de separação através da introdução de grupos funcionais ou ligandos de afinidade nas superfícies das membranas. A funcionalização selectiva permite o reconhecimento molecular personalizado, a troca iónica ou a separação por afinidade, melhorando a seletividade e a especificidade da membrana em aplicações como a cromatografia de troca iónica ou a separação por afinidade.

4. **Funcionalização catalítica:** A funcionalização catalítica envolve a imobilização de espécies catalíticas, como enzimas, nanopartículas metálicas ou fotocatalisadores, nas superfícies das membranas para permitir reacções catalíticas ou a degradação de poluentes. As membranas catalíticas apresentam taxas de reação, seletividade e eficiência melhoradas em aplicações como o tratamento de águas residuais, a síntese química ou a remediação ambiental.

Aplicações de Modificação e Funcionalização de Superfícies:

1. **Tratamento de água:** As membranas com superfície modificada são utilizadas em aplicações de tratamento de água, incluindo dessalinização, ultrafiltração e destilação por membrana, para melhorar a resistência à incrustação, as taxas de fluxo e a eficiência da remoção de contaminantes.

2. **Dispositivos biomédicos:** As membranas funcionalizadas encontram aplicações em dispositivos biomédicos, tais como filtros de sangue, membranas de diálise e sistemas de administração de medicamentos, em que as propriedades de superfície adaptadas são essenciais para a biocompatibilidade, anti-incrustantes e libertação controlada de terapêuticas.

3. **Processamento de alimentos:** As membranas modificadas por superfície são utilizadas em aplicações de processamento de alimentos, tais como filtração de leite, clarificação de sumos e imobilização de enzimas, para melhorar a eficiência da separação, a qualidade do produto e o prazo de validade.

4. **Remediação ambiental:** As membranas funcionalizadas desempenham um papel importante em projectos de recuperação ambiental, incluindo o tratamento de águas residuais, o controlo da poluição atmosférica e a separação óleo-água, em que a adsorção selectiva, a degradação catalítica ou as propriedades antimicrobianas são necessárias para a remoção de poluentes.

5. **Separações químicas:** As membranas com superfície modificada são utilizadas em separações químicas, como a separação de gases, a recuperação de solventes e as separações cromatográficas, em que as funcionalidades de superfície adaptadas permitem a permeação selectiva ou o reconhecimento molecular.

6.3 Sistemas de membranas híbridas

Os sistemas de membranas híbridas integram várias tecnologias de membranas ou combinam membranas com outros processos de separação para obter um melhor desempenho, versatilidade e eficiência. Aproveitando os pontos fortes complementares de diferentes tipos de membranas ou a integração com técnicas de separação convencionais, os sistemas de membranas híbridas oferecem soluções personalizadas para desafios de separação complexos em vários sectores. Esta secção explora os princípios, as configurações e as aplicações dos sistemas de membranas híbridas.

Princípios dos sistemas de membranas híbridas:

1. **Integração sinérgica:** Os sistemas de membranas híbridas tiram partido dos efeitos sinérgicos da combinação de diferentes tecnologias de membranas ou do acoplamento de membranas com outros processos de separação para obter um melhor desempenho de separação, seletividade e eficiência em comparação com os sistemas de membranas individuais.

2. **Funções complementares:** Cada componente de membrana ou processo de separação num sistema híbrido desempenha funções complementares, como o pré-tratamento, a concentração, a purificação ou o fracionamento, contribuindo para a otimização global do processo e para a melhoria da qualidade do produto.

3. **Intensificação do processo:** Os sistemas de membranas híbridas permitem a intensificação do processo através da integração de várias etapas de separação num único sistema, reduzindo o espaço ocupado pelo equipamento, o consumo de energia e o investimento de capital, ao mesmo tempo que aumentam o rendimento, a pureza e a recuperação do produto.

4. **Desenho à medida:** Os sistemas de membranas híbridas podem ser adaptados aos requisitos específicos do processo, às características da alimentação e aos objectivos de separação, seleccionando tipos de membranas, configurações e parâmetros operacionais adequados para otimizar o desempenho e a eficiência.

Configurações de sistemas de membranas híbridas:

1. **Cascata de membranas:** Os sistemas de membranas em cascata envolvem a disposição sequencial de várias unidades de membranas com tamanhos de poros variáveis, cortes de peso molecular ou mecanismos de separação. Cada fase da membrana desempenha funções de separação específicas, como a pré-filtração, a concentração ou o fracionamento, para obter as especificações desejadas do produto.

2. **Processos integrados de membrana:** Os processos integrados com membranas combinam unidades de membrana com outras técnicas de separação, como a adsorção, cromatografia ou cristalização, para melhorar a eficiência da separação, a seletividade ou a pureza do produto. Os módulos de membrana podem servir como unidades de pré-tratamento, polimento ou recuperação em processos integrados.

3. **Hibridização de membranas:** A hibridação de membranas envolve a combinação de diferentes tipos de membranas ou materiais num único módulo ou sistema de membranas para explorar as suas propriedades complementares e efeitos sinérgicos. As membranas híbridas podem consistir em estruturas em camadas, composições de matriz mista ou materiais compostos com permeabilidade, seletividade ou estabilidade melhoradas.

4. **Separação por membranas:** Os processos de separação por membranas integram unidades de membranas com processos de separação térmicos, por pressão ou eléctricos para melhorar a eficiência da separação, a recuperação de energia ou a utilização de recursos. A destilação por membranas, a pervaporação e a eletrodiálise são exemplos de processos de membranas utilizados em sistemas híbridos.

Aplicações de sistemas de membranas híbridas:

1. **Tratamento de água e de águas residuais:** Os sistemas de membranas híbridas são utilizados em aplicações de tratamento de água e de águas residuais, incluindo dessalinização, biorreactores de membrana e processos de oxidação avançados, para conseguir uma melhor remoção de poluentes, recuperação de água e reutilização de recursos.

2. **Processamento químico:** Os sistemas de membranas híbridas encontram aplicações nas indústrias de processamento químico para recuperação de solventes, purificação de produtos e separação de especialidades químicas, onde os processos de membranas integradas oferecem maior eficiência, seletividade e sustentabilidade.

3. **Produção de alimentos e bebidas:** Os sistemas de membrana híbridos são utilizados na produção de alimentos e bebidas para concentração, clarificação e fracionamento de sumos, produtos lácteos e bebidas, onde os processos de membrana integrados melhoram a qualidade do produto, o prazo de validade e o valor nutricional.

4. **Aplicações biomédicas e farmacêuticas:** Os sistemas de membranas híbridas desempenham um papel importante nas aplicações biomédicas e farmacêuticas para a administração de medicamentos, separação de biomoléculas e engenharia de tecidos, em que os processos de membranas integradas permitem a libertação controlada, a purificação e a imobilização de compostos bioactivos.

5. **Remediação ambiental:** Os sistemas de membranas híbridas são utilizados em projectos de recuperação ambiental, incluindo o controlo da poluição atmosférica, a separação óleo-água e a recuperação de solos, onde os processos combinados de membranas melhoram a remoção de poluentes, a recuperação de recursos e a sustentabilidade ambiental.

6.4 Bioreactores de membrana

Os biorreactores de membrana (MBR) representam uma tecnologia inovadora que combina processos de tratamento biológico com separação por membranas para conseguir um tratamento eficiente das águas residuais, reutilização da água e recuperação de recursos. Os MBR oferecem vantagens como a qualidade superior dos efluentes, a redução da área de implantação e a maior retenção de sólidos, em comparação com os sistemas convencionais de tratamento de águas residuais. Esta secção analisa os princípios, configurações, aplicações e benefícios dos reactores biológicos de membrana.

Princípios dos Bioreactores de Membrana:

1. **Tratamento biológico:** Os bioreactores de membrana utilizam microrganismos, como bactérias e fungos, para degradar poluentes orgânicos, nutrientes e contaminantes presentes nas águas residuais através de processos biológicos como a degradação aeróbica ou anaeróbica, a nitrificação e a desnitrificação.

2. **Filtração por membranas:** Os bioreactores de membrana incorporam unidades de filtração por membrana, tais como membranas de microfiltração (MF) ou ultrafiltração (UF), para separar o efluente tratado da biomassa e dos sólidos em suspensão. A filtração por membranas assegura um efluente de alta qualidade ao reter bactérias, agentes patogénicos e partículas, eliminando assim a necessidade de clarificação secundária.

3. **Separação sólido-líquido:** Os biorreactores de membrana conseguem a separação sólido-líquido aplicando um gradiente de pressão através da superfície da membrana, fazendo com que a água tratada permeie através da membrana enquanto retém sólidos, microrganismos e partículas coloidais dentro do recipiente do biorreactor.

4. **Retenção de biomassa:** Os biorreactores de membrana retêm a biomassa no tanque do biorreactor, permitindo concentrações de biomassa mais elevadas, tempos de retenção de sólidos (SRT) mais longos e uma melhor eficiência de tratamento em comparação com os sistemas convencionais de lamas activadas. A retenção de biomassa aumenta a atividade biológica, a remoção de nutrientes e a estabilidade das lamas nos MBRs.

Configurações de Bioreactores de Membrana:

1. **MBRs submersos:** Os MBR submersos mergulham os módulos de membrana diretamente no tanque do bioreactor, onde as águas residuais e a biomassa entram em contacto com a superfície da membrana. Os MBRs submersos oferecem um design compacto, operação simplificada e separação eficaz entre sólidos e líquidos, tornando-os adequados para aplicações de tratamento de águas residuais em pequena escala e descentralizadas.

2. **MBRs externos:** Os MBR externos apresentam tanques separados para tratamento biológico e filtração por membrana, com membranas localizadas fora do recipiente do bioreactor. Os MBR externos permitem o controlo independente dos processos biológicos e de membrana, facilitando a otimização das condições de tratamento, o controlo das incrustações e a limpeza das membranas.

3. **MBRs anaeróbicos (AnMBRs):** Os MBRs anaeróbicos combinam a digestão anaeróbica com a filtragem por membrana para o tratamento de águas residuais orgânicas de alta resistência, tais como efluentes industriais ou lamas digeridas. Os MBRs anaeróbicos permitem a recuperação de energia através da produção de biogás, ao mesmo tempo que conseguem uma remoção eficiente da CQO, a produção de metano e a separação de sólidos.

4. **MBRs aeróbicos (AMBRs):** Os MBR aeróbios utilizam processos biológicos aeróbios, tais como sistemas de lamas activadas ou de reactores de sequenciação em descontínuo (SBR), associados à filtração por membranas para o tratamento de águas residuais municipais ou industriais. Os AMBRs oferecem elevadas eficiências de remoção de matéria orgânica, nutrientes e agentes patogénicos, produzindo efluentes de alta qualidade adequados para reutilização da água ou descarga ambiental.

Aplicações dos bioreactores de membrana:

1. **Tratamento de águas residuais municipais:** Os bioreactores de membrana são amplamente utilizados em estações de tratamento de águas residuais municipais para tratamento secundário, tratamento terciário e aplicações de reutilização de água. Os MBRs oferecem uma pegada compacta, qualidade consistente do efluente e conformidade com regulamentos de descarga rigorosos, tornando-os adequados para o tratamento de águas residuais urbanas e residenciais.

2. **Tratamento de águas residuais industriais:** Os bioreactores de membrana encontram aplicações no tratamento de efluentes industriais de sectores como o alimentar e de bebidas, farmacêutico, químico e têxtil. Os MBRs podem lidar com fluxos de águas residuais variáveis e de alta resistência, conseguindo uma remoção eficiente de poluentes orgânicos, sólidos e contaminantes, minimizando o impacto ambiental e os custos de descarga.

3. **Reutilização da água e recuperação de recursos:** Os biorreactores de membrana permitem a reutilização da água e a recuperação de recursos, produzindo efluentes de alta qualidade adequados para utilizações não potáveis, como a irrigação, a água de processos industriais ou a recuperação ambiental. Os MBRs facilitam a recuperação de nutrientes, a geração de energia e a valorização de recursos derivados de águas residuais, contribuindo para os objectivos de sustentabilidade e economia circular.

4. **Tratamento descentralizado de águas residuais:** Os bioreactores de membrana são adequados para sistemas descentralizados de tratamento de águas residuais em locais remotos ou fora da rede, onde a infraestrutura centralizada não é viável. Os MBRs oferecem soluções modulares e escaláveis para pequenas comunidades, resorts, bases militares e instalações industriais, fornecendo opções fiáveis de tratamento no local e de reciclagem de água.

Benefícios dos Bioreactores de Membrana:

1. **Alta eficiência de tratamento:** Os biorreactores de membrana alcançam uma elevada eficiência de tratamento de matéria orgânica, nutrientes, agentes patogénicos e contaminantes, produzindo efluentes de qualidade superior aos processos de tratamento convencionais.

2. **Pegada compacta:** Os biorreactores de membrana oferecem uma pegada compacta devido à eliminação de clarificadores secundários e unidades de filtração terciária, tornando-os adequados para a adaptação de estações de tratamento existentes ou para a instalação em espaços limitados.

3. **Flexibilidade e Modularidade:** Os biorreactores de membrana são modulares e escaláveis, permitindo uma conceção flexível do sistema, expansão e actualizações para acomodar **características** variáveis das águas residuais, caudais e objectivos de tratamento.

4. **Produção reduzida de lamas:** Os biorreactores de membrana minimizam a produção de lamas e os requisitos de eliminação através da retenção de biomassa no tanque do biorreactor, resultando numa menor produção de lamas em excesso, custos de manuseamento de lamas e impacto ambiental.

5. **Melhoria da qualidade da água:** Os biorreactores de membrana produzem efluentes de qualidade consistente com baixa turvação, sólidos suspensos e agentes patogénicos, cumprindo as rigorosas normas regulamentares para descarga, reutilização ou proteção ambiental.

6.5 Destilação por membrana

A destilação por membrana (MD) é um processo de separação emergente baseado em membranas que utiliza membranas hidrofóbicas para separar componentes voláteis de fluxos líquidos através do transporte da fase de vapor. Ao contrário dos métodos de destilação convencionais, a MD funciona a baixas temperaturas e pressões, o que a torna eficiente em termos energéticos e adequada para o tratamento de soluções sensíveis ao calor ou concentradas. Esta secção explora os princípios, configurações, aplicações e vantagens da destilação por membranas.

Princípios da Destilação por Membranas:

1. **Separação Vapor-Líquido:** A destilação por membrana baseia-se no princípio do equilíbrio vapor-líquido para separar os componentes voláteis dos fluxos líquidos. Uma membrana hidrofóbica actua como uma barreira à água líquida, permitindo a passagem selectiva do vapor de água. À medida que o calor é aplicado à solução de alimentação, as moléculas de água evaporam e difundem-se através da membrana, deixando para trás solutos líquidos concentrados.

2. **Força motriz:** A força motriz para a destilação por membrana é a diferença de pressão de vapor através da interface da membrana, que é gerada pela manutenção de um gradiente de temperatura entre a solução de alimentação e o lado do permeado. O gradiente de temperatura cria um diferencial de pressão de vapor, fazendo com que o vapor de água migre do lado da alimentação de alta temperatura para o lado do permeado de baixa temperatura.

3. **Mudança de fase:** A destilação por membrana funciona em condições em que a solução de alimentação é mantida a temperaturas acima do seu ponto de ebulição, enquanto o lado do permeado permanece a temperaturas mais baixas. À medida que o vapor de água permeia através da membrana, condensa-se no lado do permeado, formando um fluxo de líquido condensado enriquecido em componentes voláteis.

Configurações da Destilação por Membranas:

1. **Destilação por Membrana de Contacto Direto (DCMD):** Na DCMD, a solução de alimentação e o fluxo de permeado entram em contacto direto com lados opostos da membrana. O calor é aplicado à solução de alimentação, fazendo com que o vapor de água se evapore e se difunda através da membrana. O lado do permeado é mantido a temperaturas mais baixas, promovendo a condensação do vapor de água e a recuperação de componentes voláteis no fluxo de condensado.

2. **Destilação com Membrana de Intervalo de Ar (AGMD):** A AGMD utiliza um intervalo de ar entre a solução de alimentação e a superfície da membrana para criar uma barreira de fase de vapor que impede o contacto direto entre o líquido e a membrana. O calor é aplicado à solução de alimentação, induzindo a vaporização e o

transporte de vapor de água através do espaço de ar para a superfície da membrana. A condensação ocorre no lado do permeado, produzindo um fluxo de condensado.

3. **Destilação por Membrana de Gás de Varredura (SGMD):** A SGMD emprega um fluxo de gás de varredura no lado do permeado para transportar o vapor de água e manter um vácuo parcial, melhorando a transferência de massa e o transporte de vapor através da membrana. As taxas de fluxo de gás de varredura e as composições podem ser ajustadas para otimizar as taxas de permeação de vapor e minimizar os efeitos de polarização de concentração.

Aplicações da Destilação por Membranas:

1. **Dessalinização:** A destilação por membrana é utilizada em aplicações de dessalinização para produzir água doce a partir de fontes de água salgada ou salobra. A MD oferece vantagens como o baixo consumo de energia, a compatibilidade com fontes de energia renováveis e a resistência a incrustações e incrustações, tornando-a adequada para projectos de dessalinização remotos ou fora da rede.

2. **Concentração e fracionamento:** A destilação por membrana é utilizada para concentrar soluções diluídas ou recuperar componentes voláteis de fluxos aquosos no processamento de alimentos e bebidas, fabrico de produtos farmacêuticos e síntese química. A MD permite um controlo preciso da concentração, pureza e composição do produto, minimizando a degradação térmica ou a perda de produto.

3. **Tratamento de águas residuais:** A destilação por membrana é aplicada no tratamento de águas residuais para tratar efluentes industriais, lixiviados de aterros sanitários ou fluxos de salmoura gerados durante os processos de dessalinização. A MD facilita as soluções de descarga líquida zero (ZLD), concentrando os fluxos de águas residuais e recuperando recursos valiosos, como água, sais ou compostos orgânicos.

4. **Descarga Líquida Zero (ZLD):** A destilação por membrana desempenha um papel importante na concretização dos objectivos de descarga líquida zero (ZLD) em processos industriais, tratando fluxos de águas residuais, concentrados de salmoura ou efluentes de processos para recuperar água e solutos valiosos, minimizando a descarga e o impacto ambiental.

Vantagens da Destilação por Membrana:

1. **Eficiência energética:** A destilação por membrana funciona a baixas temperaturas e pressões, o que a torna energeticamente eficiente em comparação com os métodos de destilação convencionais. A MD pode utilizar calor residual, energia solar ou fontes de energia renováveis para aquecimento e funcionamento, reduzindo o consumo de energia e os custos de funcionamento.

2. **Separação selectiva:** A destilação por membranas permite a separação selectiva de componentes voláteis, como o vapor de água, de solutos não voláteis, iões ou contaminantes presentes em correntes líquidas. As membranas MD apresentam uma elevada seletividade, permitindo um controlo preciso da eficiência da separação e da pureza do produto.

3. **Versatilidade:** A destilação por membrana é versátil e adaptável a uma vasta gama de soluções de alimentação, incluindo solventes aquosos, orgânicos ou mistos. A MD pode lidar com misturas complexas, fluxos de alta salinidade ou soluções sensíveis ao calor, tornando-a adequada para diversas aplicações em várias indústrias.

4. **Escamação e incrustação mínimas:** A destilação por membrana é resistente à incrustação e à degradação da membrana devido à sua superfície hidrofóbica e ao mecanismo de transporte da fase de vapor. As membranas MD apresentam propriedades de auto-limpeza, reduzindo os requisitos de manutenção e o tempo de inatividade associados a incrustações ou incrustações.

5. **Sustentabilidade ambiental:** A destilação por membrana contribui para a sustentabilidade ambiental, minimizando o consumo de energia, a utilização de água e a descarga de poluentes ou contaminantes. A MD permite a recuperação de recursos, a reutilização de água e a minimização de resíduos, alinhando-se com os princípios da economia circular e os objectivos de desenvolvimento sustentável.

Capítulo-7 Desafios e soluções

7.1 Incrustações e incrustações

As incrustações e as incrustações são desafios comuns encontrados nos processos de separação baseados em membranas, incluindo a filtração, a dessalinização e o tratamento de águas residuais. Estes fenómenos conduzem a uma redução do desempenho das membranas, a um aumento do consumo de energia e dos custos operacionais, colocando obstáculos significativos à realização de operações de membranas eficientes e sustentáveis. Esta secção explora os mecanismos, factores, consequências e estratégias de atenuação relacionados com a incrustação e a formação de incrustações na tecnologia de membranas.

Mecanismos de incrustação e escamação:

1. **Incrustação:** A incrustação refere-se à acumulação e deposição de sólidos em suspensão, colóides, microrganismos, compostos orgânicos ou sais inorgânicos na superfície ou no interior dos poros das membranas. A incrustação pode ocorrer devido à adsorção física, reacções químicas, formação de biofilme ou polarização da concentração, levando ao bloqueio dos poros, à formação de bolos ou à formação de camadas de gel nas superfícies das membranas.

2. **Incrustação:** A incrustação ocorre quando sais dissolvidos, minerais ou compostos pouco solúveis em soluções de alimentação precipitam e se depositam nas superfícies da membrana ou dentro dos poros da membrana, formando camadas de incrustações cristalinas ou amorfas. A incrustação pode ser causada por polarização de concentração, mudanças de temperatura, variações de pH ou supersaturação de solutos, resultando em redução do fluxo de permeado, aumento da resistência hidráulica e danos à membrana.

Factores que influenciam o entupimento e a incrustação:

1. **Qualidade da água de alimentação:** A composição, a turvação, a distribuição do tamanho das partículas e o conteúdo orgânico da água de alimentação influenciam a propensão para a formação de incrustações e o potencial de incrustação nos processos de membrana. Concentrações elevadas de sólidos suspensos, colóides, substâncias orgânicas ou iões dissolvidos aumentam o risco de incrustação, especialmente em águas superficiais ou em fontes de águas residuais.

2. **Condições de funcionamento:** Os parâmetros de funcionamento, como a pressão transmembranar (TMP), a velocidade do fluxo cruzado, a temperatura, o pH e a concentração da alimentação afectam o comportamento da incrustação e da formação de incrustações nos sistemas de membranas. As condições de funcionamento não ideais podem promover a incrustação, aumentando a deposição de partículas, o crescimento de biofilmes ou a precipitação de minerais nas superfícies das membranas.

3. **Propriedades da membrana:** As características das membranas, incluindo a química da superfície, a distribuição do tamanho dos poros, a hidrofobicidade e a rugosidade da superfície, influenciam a suscetibilidade à incrustação e à formação de incrustações. Os materiais das membranas, a conceção dos módulos e a orientação dos módulos têm impacto na resistência à incrustação, no desempenho hidráulico e na eficácia da limpeza nas operações com membranas.

4. **Processos de pré-tratamento:** As técnicas de pré-tratamento, como a coagulação, a floculação, a sedimentação, a microfiltração ou o amaciamento, são utilizadas para atenuar a incrustação e a formação de incrustações através da remoção de partículas, colóides ou precursores de incrustações da água de alimentação. Estratégias eficazes de pré-tratamento podem reduzir o potencial de incrustação e prolongar a vida útil da membrana nos processos a jusante.

Consequências da sujidade e da incrustação:

1. **Diminuição do Fluxo de Permeado:** A incrustação e a formação de incrustações reduzem as taxas de fluxo de permeado ao obstruir os poros da membrana, aumentando a resistência hidráulica e limitando a transferência de massa através das superfícies da membrana. A redução do fluxo de permeado leva a uma diminuição da produtividade, a ciclos de filtração mais longos e a um maior consumo de energia nas operações de membrana.

2. **Aumento do consumo de energia:** O entupimento e a incrustação exigem pressões de funcionamento mais elevadas, tempos de filtração mais longos ou ciclos de limpeza mais frequentes para manter as taxas de fluxo e a eficiência de separação desejadas. O aumento do consumo de energia associado às estratégias de mitigação de incrustações e de controlo de incrustações na membrana aumenta os custos operacionais e o impacto ambiental.

3. **Perda de eficiência de separação:** As incrustações e as incrustações comprometem a eficiência da separação, diminuindo as taxas de rejeição, aumentando a passagem de soluto ou alterando a seletividade da membrana. A perda de eficiência de separação resulta na redução da qualidade do produto, no comprometimento da pureza da água e na não conformidade com as normas regulamentares em processos baseados em membranas.

4. **Danos e degradação da membrana:** A incrustação grave pode causar danos irreversíveis nas membranas, deterioração ou diminuição do desempenho ao longo do tempo. A tensão mecânica, o ataque químico ou a degradação biológica associados aos fenómenos de incrustação e de formação de incrustações aceleram o envelhecimento da membrana, exigindo a substituição prematura ou a renovação dos elementos da membrana.

Estratégias de atenuação de incrustações e incrustações:

1. **Condições de funcionamento optimizadas:** Ajustar os parâmetros de funcionamento, como a velocidade do fluxo cruzado, TMP, temperatura e pH, para minimizar as tendências de incrustação e formação de incrustações, maximizando o desempenho e a eficiência da membrana.

2. **Pré-tratamento eficaz:** Implementar processos robustos de pré-tratamento para remover sólidos em suspensão, colóides, contaminantes microbianos ou precursores de incrustações da água de alimentação, reduzindo o potencial de incrustação e de incrustação nas operações de membrana a jusante.

3. **Limpeza da membrana:** Utilizar protocolos de limpeza de rotina, tais como limpeza física (retrolavagem, limpeza com ar), limpeza química (ácida, alcalina, enzimática) ou técnicas de limpeza avançadas (ultra-sons, ozonização), para remover sujidades e incrustações das superfícies da membrana e restaurar o fluxo de permeado.

4. **Modificação da superfície da membrana:** Modificar as superfícies das membranas através de revestimentos hidrófilicos ou anti-incrustantes, modificações da carga superficial ou materiais nanocompósitos para aumentar a resistência à incrustação, reduzir a adesão de incrustantes e melhorar a longevidade das membranas em aplicações propensas à incrustação.

5. **Projeto e configuração de membranas:** Selecionar materiais de membranas, concepções de módulos e modos de funcionamento optimizados para características específicas da água de alimentação, mecanismos de incrustação e tendências de incrustação para mitigar os efeitos de incrustação e de incrustação e melhorar o desempenho da membrana.

6. **Monitorização e controlo avançados:** Implementar sistemas de monitorização em tempo real, sensores de incrustação e estratégias de controlo para acompanhar o comportamento da incrustação, prever o início da incrustação e otimizar os programas de limpeza, minimizando o tempo de inatividade e maximizando o tempo de funcionamento da membrana em operações contínuas.

7.2 Integridade e longevidade da membrana

Manter a integridade e a longevidade das membranas é essencial para garantir o desempenho a longo prazo, a fiabilidade e a rentabilidade dos processos de separação baseados em membranas. A integridade da membrana refere-se à integridade estrutural, à resistência mecânica e às propriedades funcionais das membranas, enquanto a longevidade da membrana se refere ao tempo de vida, à durabilidade e à estabilidade operacional das membranas em várias condições de funcionamento. Esta secção explora os factores que influenciam a integridade e a longevidade das membranas, as consequências da degradação das membranas e as estratégias para melhorar o tempo de vida e o desempenho das membranas.

Factores que influenciam a integridade e a longevidade das membranas:

1. **Qualidade da água de alimentação:** A qualidade da água de alimentação, incluindo a sua composição, turvação, sólidos em suspensão e potencial de incrustação, tem um impacto significativo na integridade e longevidade da membrana. Níveis elevados de contaminantes, partículas em suspensão ou incrustações na água de alimentação aumentam o risco de incrustação, incrustação e degradação da membrana ao longo do tempo.

2. **Condições de funcionamento:** Os parâmetros de funcionamento, como a temperatura, a pressão, a velocidade do fluxo cruzado e a concentração da alimentação, afectam a integridade e a longevidade da membrana. Condições de funcionamento extremas, parâmetros não optimizados ou flutuações na qualidade da alimentação podem provocar danos na membrana, incrustações ou degradação acelerada.

3. **Material e conceção da membrana:** A escolha do material da membrana, a conceção do módulo e a configuração influenciam a integridade e a longevidade da membrana. Os materiais das membranas com elevada resistência química, resistência mecânica e resistência à incrustação oferecem maior durabilidade e longevidade em ambientes agressivos.

4. **Limpeza e manutenção:** As práticas correctas de limpeza e manutenção são essenciais para preservar a integridade da membrana e prolongar o seu tempo de vida útil. A limpeza regular, a retrolavagem, o tratamento químico e os testes de integridade da membrana ajudam a remover as impurezas, a restaurar as taxas de fluxo e a evitar danos irreversíveis na membrana.

5. **Stress hidráulico:** As tensões hidráulicas, incluindo as flutuações de pressão, os choques hidráulicos e a incrustação da membrana, podem afetar a integridade e o desempenho da membrana. A pressão transmembranar excessiva (TMP), a sujidade da membrana ou os picos hidráulicos podem provocar danos na membrana, obstrução dos poros ou falhas estruturais ao longo do tempo.

Consequências da degradação das membranas:

1. **Redução do fluxo e da eficiência:** A degradação, incrustação ou incrustação da membrana leva à diminuição das taxas de fluxo de permeado, redução da eficiência de separação e comprometimento do desempenho do processo. A perda de fluxo, o aumento da propensão para a formação de incrustações ou a redução das taxas de rejeição resultam numa diminuição da produtividade e num aumento dos custos operacionais.

2. **Aumento do consumo de energia:** A degradação e a incrustação das membranas exigem pressões de funcionamento mais elevadas, tempos de filtração mais longos ou ciclos de limpeza mais frequentes para manter as taxas de fluxo e a eficiência de separação desejadas. O aumento do consumo de energia associado à mitigação de incrustações aumenta os custos operacionais e o impacto ambiental.

3. **Danos e falhas na membrana:** A degradação grave da membrana, a sujidade ou o ataque químico podem causar danos irreversíveis na membrana, deterioração ou falha estrutural ao longo do tempo. O stress mecânico, a exposição química ou a degradação biológica aceleram o envelhecimento da membrana, levando à sua substituição ou renovação prematura.

4. **Contaminação do produto:** A degradação, incrustação ou violação da integridade da membrana pode resultar em contaminação do produto, contaminação cruzada ou comprometimento da qualidade do produto em processos a jusante. Membranas com fugas, vedações comprometidas ou bloqueio de poros põem em risco a pureza do produto e a conformidade regulamentar em aplicações baseadas em membranas.

Estratégias para aumentar a longevidade das membranas:

1. **Condições de funcionamento optimizadas:** Manter parâmetros de funcionamento óptimos, tais como temperatura, pressão, caudal e qualidade da alimentação, para minimizar a formação de incrustações, incrustações e degradação da membrana, maximizando o desempenho e a longevidade da membrana.

2. **Pré-tratamento eficaz:** Implementar processos robustos de pré-tratamento, incluindo filtração, sedimentação, coagulação ou amolecimento, para remover sólidos suspensos, colóides, contaminantes microbianos ou precursores de incrustações da água de alimentação, reduzindo o potencial de incrustação e incrustação nas operações de membrana a jusante.

3. **Manutenção de rotina:** Efetuar tarefas de manutenção de rotina, tais como limpeza, retrolavagem, testes de integridade da membrana e monitorização do desempenho, para preservar a integridade da membrana, restaurar as taxas de fluxo e evitar danos irreversíveis na membrana ou problemas relacionados com a incrustação.

4. **Limpeza da membrana:** Utilizar protocolos de limpeza adequados, incluindo limpeza física (retrolavagem, lavagem com ar), limpeza química (ácida, alcalina, enzimática) ou técnicas de limpeza avançadas (ultra-sons, ozonização), para remover sujidades, incrustações ou depósitos das superfícies da membrana e restaurar o fluxo de permeado.

5. **Proteção de membranas:** Aplicar revestimentos de superfície, tratamentos anti-incrustantes ou camadas de proteção nas superfícies das membranas para aumentar a resistência à incrustação, reduzir a adesão de incrustantes e melhorar a longevidade das membranas em aplicações propensas a incrustações.

6. **Monitorização e controlo avançados:** Implementar sistemas de monitorização em tempo real, sensores de incrustações e estratégias de controlo para acompanhar o desempenho das membranas, prever o aparecimento de incrustações, otimizar as condições de funcionamento e minimizar o tempo de inatividade associado a problemas relacionados com incrustações.

7.3 Consumo de energia

O consumo de energia é uma consideração crítica nos processos de separação baseados em membranas, uma vez que tem um impacto direto nos custos operacionais, na sustentabilidade ambiental e na eficiência do processo. Os processos com membranas, como a filtração, a dessalinização e o tratamento de águas residuais, requerem consumos de energia em várias fases, incluindo o funcionamento da membrana, o pré-tratamento, a bombagem e o pós-tratamento. Esta secção explora os factores que influenciam o consumo de energia nos processos de membrana, as técnicas de recuperação de energia e as estratégias para minimizar a utilização de energia e maximizar o desempenho do processo.

Factores que influenciam o consumo de energia:

1. **Pressão de funcionamento:** A pressão de funcionamento afecta significativamente o consumo de energia nos processos de membrana. São frequentemente necessárias pressões mais elevadas para ultrapassar a resistência hidráulica, manter as taxas de fluxo desejadas e obter forças motrizes suficientes para a separação. Os processos de ultrafiltração (UF), nanofiltração (NF) e osmose inversa (RO) requerem normalmente pressões mais elevadas do que a microfiltração (MF) devido às suas taxas de rejeição e pressão osmótica mais elevadas.

2. **Características da água de alimentação:** A composição, salinidade, temperatura e potencial de incrustação da água de alimentação influenciam o consumo de energia nos processos de membrana. Águas de alimentação altamente salinas ou contaminadas requerem mais energia para dessalinização ou purificação, enquanto águas de alimentação propensas a incrustações necessitam de energia adicional para pré-tratamento, mitigação de incrustações ou limpeza.

3. **Propriedades da membrana:** As características da membrana, incluindo o tipo de material, o tamanho dos poros, a espessura e as propriedades da superfície, têm impacto no consumo de energia nos processos de membrana.

   As membranas com menor resistência hidráulica, maior permeabilidade e maior resistência à incrustação requerem menos energia para operação e manutenção.

4. **Conceção e configuração do módulo:** O design, a configuração e a escala dos módulos de membrana influenciam o consumo de energia nos processos de membrana. Factores como a geometria do módulo, a densidade de empacotamento, a distribuição do fluxo e a orientação do módulo afectam a eficiência hidráulica, a queda de pressão e o potencial de recuperação de energia nos sistemas de membranas.

5. **Condições de funcionamento:** Os parâmetros de funcionamento, como a temperatura, a velocidade do fluxo cruzado e a taxa de recuperação, afectam o consumo de energia nos processos de membrana. As condições de funcionamento não ideais, os desvios das especificações do projeto ou as variações na qualidade da água de alimentação podem aumentar os requisitos de energia para manter o desempenho desejado do processo e a qualidade do produto.

Técnicas de recuperação de energia:

1. **Troca de pressão:** As técnicas de troca de pressão, como as turbinas de recuperação de energia (ERT), as câmaras isobáricas ou os permutadores de pressão, utilizam a energia hidráulica dos fluxos de concentrado para pressurizar os fluxos de alimentação, reduzindo o consumo global de energia nos processos de membrana.

2. **Recirculação e reutilização:** A recirculação e reutilização de fluxos de permeado ou concentrado nos sistemas de membranas pode reduzir os requisitos de energia, minimizando os caudais de alimentação, diminuindo os diferenciais de pressão e optimizando a eficiência do processo.

3. **Recuperação de energia térmica:** As técnicas de recuperação de energia térmica, como os permutadores de calor, a destilação de múltiplos efeitos (MED) ou a destilação por membranas (MD), utilizam o calor residual dos fluxos de processo ou de fontes externas para pré-aquecer a água de alimentação, reduzir o consumo de energia e aumentar a eficiência global do processo.

4. **Conversão eletroquímica de energia:** As tecnologias de conversão eletroquímica de energia, como a osmose com pressão retardada (PRO), a eletrodiálise inversa (RED) ou a desionização capacitiva (CDI), aproveitam os efeitos osmóticos, de permuta iónica ou capacitivos para gerar energia eléctrica a partir de gradientes de concentração, oferecendo potencial para processos de membrana com energia neutra ou positiva.

Estratégias para minimizar o consumo de energia:

1. **Conceção optimizada do processo:** Conceber sistemas de membranas com parâmetros de processo optimizados, configurações de membranas e condições de funcionamento para minimizar o consumo de energia e maximizar o desempenho do processo e a qualidade do produto.

2. **Pré-tratamento eficiente:** Implementar processos de pré-tratamento eficientes, incluindo coagulação, sedimentação, ultrafiltração ou adsorção, para remover partículas, colóides ou precursores de incrustação da água de alimentação, reduzindo os requisitos de energia para a operação e manutenção da membrana.

3. **Membranas energeticamente eficientes:** Selecionar membranas energeticamente eficientes com elevada permeabilidade, baixa propensão para a formação de incrustações e distribuição ideal do tamanho dos poros para aplicações específicas, minimizando as perdas de energia e melhorando a eficiência do processo nas operações com membranas.

4. **Estratégias de controlo avançadas:** Utilizar algoritmos de controlo avançados, circuitos de feedback e sistemas de automação para otimizar o funcionamento da membrana, minimizar o consumo de energia e adaptar-se às condições variáveis da água de alimentação ou aos requisitos do processo em tempo real.

5. **Conceção de processos integrados:** Integrar os processos de membrana com tecnologias de recuperação de energia, sistemas de co-geração ou fontes de energia renováveis para melhorar a eficiência global do processo, reduzir o impacto ambiental e conseguir um funcionamento neutro ou positivo em termos energéticos.

7.4 Considerações sobre os custos

As considerações de custo desempenham um papel fundamental na implementação e operação de processos de separação baseados em membranas. Compreender os vários componentes de custo associados às tecnologias de membranas é essencial para avaliar a viabilidade económica, otimizar as decisões de investimento e maximizar a relação custo-eficácia. Esta secção explora as principais considerações de custos nos processos de membranas, incluindo os custos de capital, os custos operacionais e o custo total de propriedade (TCO), juntamente com estratégias de redução de custos e otimização económica.

Custos de capital:

1. **Módulos de membrana:** O custo de aquisição dos módulos de membrana constitui uma parte significativa das despesas de capital nos processos de membrana. Factores como o material da membrana, a conceção do módulo, a área de superfície e a dimensão dos poros influenciam os custos do módulo. As membranas de alto desempenho com características especializadas ou materiais avançados podem ter preços mais elevados.

2. **Equipamento:** Para além dos módulos de membrana, os custos de capital também incluem equipamento como bombas, válvulas, recipientes sob pressão, instrumentação e componentes auxiliares necessários para a instalação e funcionamento do sistema de membrana. A seleção do equipamento depende dos requisitos do processo, da capacidade e da complexidade do sistema.

3. **Instalação:** Os custos de instalação incluem mão de obra, materiais, serviços de engenharia e preparação do local necessários para a instalação de sistemas de membranas. Os custos podem variar com base nas condições específicas do local, acessibilidade, requisitos de infra-estruturas e conformidade regulamentar.

4. **Infra-estruturas:** Os custos de infraestrutura incluem obras civis, suportes estruturais, tubagens, instrumentação, cablagem eléctrica e ligações de serviços públicos necessários para a integração de sistemas de membranas em instalações existentes ou para a construção de novas estações de tratamento. Os investimentos em infra-estruturas dependem da escala do projeto, da localização e de considerações específicas do local.

Custos operacionais:

1. **Consumo de energia:** Os custos de energia para o funcionamento de bombas, ventiladores, aquecedores e equipamento auxiliar constituem uma parte significativa das despesas operacionais nos processos de membranas. O consumo de energia depende dos parâmetros do processo, das características da água de alimentação, da conceção do sistema e das condições de funcionamento.

2. **Produtos químicos:** Os custos dos produtos químicos para pré-tratamento, limpeza, desinfeção e agentes anti-incrustantes contribuem para as despesas operacionais dos processos de membrana. A utilização de produtos químicos depende da qualidade da água de alimentação, da propensão para a formação de incrustações, do material da membrana e da frequência de limpeza.

3. **Mão de obra:** Os custos de mão de obra incluem salários, vencimentos, formação e despesas de pessoal associadas à operação, monitorização e manutenção dos sistemas de membranas. Operadores, técnicos e pessoal de manutenção qualificados são essenciais para garantir o desempenho, a fiabilidade e a conformidade do sistema com as normas regulamentares.

4. **Manutenção:** Os custos de manutenção abrangem a manutenção de rotina, inspecções, substituição de membranas, reparações e peças sobresselentes necessárias para garantir a integridade, o desempenho e a longevidade do sistema de membranas. As práticas de manutenção preventiva ajudam a minimizar o tempo de inatividade, a prolongar a vida útil da membrana e a otimizar a eficiência do sistema.

Custo total de propriedade (TCO):

1. **Custos do ciclo de vida:** O TCO inclui as despesas de capital e operacionais incorridas durante todo o ciclo de vida dos sistemas de membranas, incluindo a aquisição, instalação, operação, manutenção e desativação. A avaliação do TCO fornece uma avaliação abrangente da viabilidade económica a longo prazo, do desempenho e do retorno do investimento (ROI).

2. **Análise de custo-benefício:** A realização de análises de custo-benefício ajuda a quantificar os benefícios económicos, a poupança de custos e o potencial de geração de receitas associados às tecnologias de membranas. A avaliação do TCO em relação a métricas de desempenho como a recuperação de água, a qualidade do produto, a eficiência energética e o impacto ambiental ajuda na tomada de decisões e na afetação de recursos.

3. **Gestão de riscos:** Considerar as incertezas, os riscos e as contingências nas estimativas de custos é essencial para mitigar os riscos financeiros e garantir a viabilidade do projeto. A análise de sensibilidade, o planeamento de cenários e as técnicas de avaliação de riscos ajudam a identificar potenciais factores de custo, factores de variabilidade e estratégias de mitigação.

Estratégias de redução de custos e otimização económica:

1. **Seleção de tecnologia:** Escolha tecnologias de membrana, materiais e configurações optimizadas para aplicações específicas, características da água de alimentação e requisitos do processo para minimizar os custos de capital, despesas operacionais e TCO durante o ciclo de vida do projeto.

2. **Otimização de processos:** Otimizar os parâmetros do processo, as condições de funcionamento e as estratégias de controlo para maximizar a eficiência do sistema, a produtividade e a utilização de recursos, minimizando o consumo de energia, a utilização de produtos químicos e os requisitos de manutenção.

3. **Economias de escala:** Explorar as economias de escala através da conceção de sistemas de membranas com capacidades adequadas, configurações modulares e características de escalabilidade para otimizar os investimentos de capital, alavancar as compras a granel e obter eficiências de custos no desenvolvimento de projectos.

4. **Recuperação de recursos:** Explorar oportunidades de recuperação de recursos, valorização de resíduos e utilização de subprodutos para gerar fluxos de receitas adicionais, compensar os custos operacionais e aumentar a viabilidade económica dos processos baseados em membranas.

5. **Análise do ciclo de vida:** Realizar avaliações do ciclo de vida, análises de custo-benefício e avaliações de sustentabilidade para comparar tecnologias alternativas de membranas, configurações de processos e opções de investimento, considerando factores económicos e ambientais para uma tomada de decisão informada.

7.5 Impacto ambiental

O impacto ambiental dos processos de separação baseados em membranas é uma consideração crítica na avaliação da sustentabilidade, da pegada ecológica e das implicações sociais destas tecnologias. Embora os processos de membrana ofereçam numerosos benefícios, como a recuperação de recursos, a minimização de resíduos e a eficiência energética, também colocam desafios ambientais relacionados com o consumo de energia, a utilização de produtos químicos, a produção de resíduos e os impactes no ecossistema. Esta secção explora as implicações ambientais dos processos de membranas, incluindo as suas contribuições para a sustentabilidade, estratégias de mitigação dos riscos ambientais e oportunidades para minimizar as pegadas ambientais.

Benefícios ambientais dos processos de membrana:

1. **Conservação da água:** Os processos de membranas permitem a reutilização, reciclagem e dessalinização eficientes da água, contribuindo para a conservação da água, a preservação da água doce e práticas sustentáveis de gestão da água. Ao tratar as fontes de água empobrecidas, ao recuperar as águas residuais ou ao dessalinizar a água do mar, as tecnologias de membranas ajudam a aliviar a escassez de água e a aumentar a segurança da água em regiões com stress hídrico.

2. **Recuperação de recursos:** Os processos de membrana facilitam a recuperação de recursos e os princípios da economia circular, recuperando recursos valiosos como água, nutrientes, metais e energia de fluxos de águas residuais, efluentes industriais ou concentrados de salmoura. Ao extrair materiais reutilizáveis e minimizar a produção de resíduos, as tecnologias de membranas apoiam a conservação de recursos e os esforços de redução de resíduos.

3. **Eficiência energética:** Os processos de membrana oferecem alternativas energeticamente eficientes às tecnologias de separação convencionais, operando a temperaturas, pressões e níveis de consumo de energia mais baixos. A utilização de fontes de energia renováveis, de técnicas de recuperação de energia e de estratégias de controlo avançadas aumenta ainda mais a eficiência energética, reduz as emissões de carbono e atenua os impactos ambientais associados à dependência dos combustíveis fósseis.

4. **Prevenção da poluição:** Os processos com membranas ajudam a prevenir a poluição, a contaminação e a degradação ambiental, removendo poluentes, agentes patogénicos, microrganismos e substâncias perigosas da água, do ar ou dos fluxos de processo. Ao fornecer barreiras eficazes contra os poluentes, as membranas contribuem para a proteção ambiental, a saúde pública e a integridade do ecossistema em ecossistemas sensíveis.

Desafios e riscos ambientais:

1. **Consumo de energia:** Os processos de membranas que consomem muita energia, como a osmose inversa (OR) e os processos térmicos, podem contribuir para aumentar as emissões de carbono, a poluição atmosférica e a degradação ambiental se forem alimentados por combustíveis fósseis ou fontes de energia não renováveis. O elevado consumo de energia pode anular os benefícios ambientais e comprometer a sustentabilidade das aplicações de membranas.

2. **Utilização de produtos químicos:** Os aditivos químicos, os agentes de limpeza e os modificadores de membrana utilizados nos processos de membrana podem representar riscos ambientais se forem descarregados em massas de água, no solo ou nos ecossistemas. O manuseamento, eliminação ou libertação incorrecta de produtos químicos pode levar à poluição da água, toxicidade ecológica e efeitos adversos nos organismos e habitats aquáticos.

3. **Geração de resíduos:** A incrustação da membrana, a eliminação do concentrado e a gestão do fim de vida da membrana colocam desafios relacionados com a produção de resíduos, a eliminação e o impacto ambiental. Os métodos de eliminação de concentrados, como a injeção em poços profundos, a descarga à superfície ou as lagoas de evaporação, podem ter efeitos adversos na qualidade da água, nos ecossistemas aquáticos e na fertilidade do solo, se não forem geridos adequadamente.

4. **Impactos ecológicos:** A introdução de tecnologias de membrana em ecossistemas naturais ou habitats sensíveis pode ter consequências ecológicas não intencionais, como a alteração do habitat, a deslocação de espécies ou a perturbação das funções do ecossistema. Compreender e mitigar os potenciais impactos ecológicos é essencial para garantir a sustentabilidade ambiental e a conservação da biodiversidade.

Estratégias de atenuação dos riscos ambientais:

1. **Adoção de energias renováveis:** A transição para fontes de energia renováveis, como a energia solar, eólica, hidroelétrica ou geotérmica, reduz as emissões de carbono, atenua o impacto ambiental e melhora a sustentabilidade dos processos de membrana. A integração de tecnologias de energias renováveis com sistemas de membranas melhora a eficiência energética e o desempenho ambiental.

2. **Gestão de produtos químicos:** A implementação de princípios de química verde, alternativas não tóxicas e produtos químicos amigos do ambiente nos processos de membrana reduz a utilização de produtos químicos, minimiza os riscos ambientais e promove práticas de manuseamento, armazenamento e eliminação mais seguras. A reciclagem, reutilização ou tratamento de soluções químicas reduz ainda mais a produção de resíduos e o impacto ambiental.

3. **Minimização de resíduos:** A implementação de estratégias de minimização de resíduos, como a gestão de concentrados, a recuperação de salmoura ou a utilização de recursos, reduz a produção de resíduos, conserva recursos e minimiza o impacto ambiental associado às operações com membranas. Explorar tecnologias inovadoras de tratamento de resíduos e oportunidades de valorização aumenta a sustentabilidade e a circularidade nos processos de membrana.

4. **Monitorização e conformidade ambiental:** A realização de monitorização ambiental, avaliações de impacto e verificações de conformidade regulamentar assegura o cumprimento das normas ambientais, medidas de prevenção da poluição e requisitos de proteção do ecossistema. A monitorização contínua da qualidade da água, das emissões atmosféricas e dos indicadores ecológicos ajuda a identificar potenciais riscos ambientais e a implementar acções correctivas.

Envolvimento do público e colaboração das partes interessadas:

1. **Divulgação na comunidade:** O envolvimento com as comunidades locais, as partes interessadas e as autoridades reguladoras promove a transparência, a confiança e a responsabilidade nos projectos de membranas. As campanhas de consulta, participação e sensibilização do público aumentam a consciencialização sobre os impactos ambientais, solicitam feedback e abordam as preocupações relacionadas com as tecnologias de membranas.

2. **Parcerias e colaboração:** A colaboração com parceiros industriais, instituições de investigação, agências governamentais e organizações sem fins lucrativos facilita a partilha de conhecimentos, a transferência de tecnologia e a divulgação das melhores práticas para aplicações de membranas sustentáveis. As parcerias com vários intervenientes promovem a inovação, o desenvolvimento de capacidades e a ação colectiva para a gestão ambiental.

Capítulo-8 Direcções futuras e tendências emergentes

8.1 Membranas inteligentes

As membranas inteligentes representam uma nova fronteira na tecnologia das membranas, integrando materiais avançados, capacidades de deteção e funcionalidades de reação para melhorar o desempenho, a eficiência e a versatilidade dos processos de separação. Estas membranas inovadoras apresentam propriedades adaptativas, auto-reguladoras ou de resposta a estímulos, permitindo a monitorização, o controlo e a otimização em tempo real das operações da membrana. Esta secção explora os princípios, as aplicações e o potencial das membranas inteligentes para revolucionar os processos de separação baseados em membranas.

Princípios das membranas inteligentes:

1. **Materiais reactivos:** As membranas inteligentes são fabricadas a partir de materiais reactivos que sofrem alterações reversíveis na estrutura, morfologia ou permeabilidade em resposta a estímulos externos, como a temperatura, o pH, a pressão ou a composição química. Polímeros reactivos, hidrogéis, nanocompósitos e materiais biomiméticos constituem a base da conceção de membranas inteligentes, permitindo a modulação dinâmica das propriedades das membranas.

2. **Deteção e acionamento:** As membranas inteligentes integram elementos de deteção, actuadores ou componentes de resposta incorporados nas matrizes das membranas ou nos revestimentos de superfície para detetar estímulos ambientais e desencadear respostas adaptativas. As tecnologias de deteção, tais como nanosensores, biossensores ou nanopartículas funcionalizadas, fornecem feedback em tempo real sobre o desempenho da membrana, o estado de incrustação ou as concentrações de soluto.

3. **Funcionalidade adaptativa:** As membranas inteligentes apresentam uma funcionalidade adaptativa, permitindo-lhes ajustar dinamicamente a permeabilidade, a seletividade, a resistência à incrustação ou as propriedades da superfície em resposta às condições de funcionamento variáveis, às características da água de alimentação ou aos requisitos do processo. As membranas adaptativas optimizam o desempenho da separação, minimizam o consumo de energia e melhoram a eficiência do processo em resposta a estímulos externos.

Aplicações de membranas inteligentes:

1. **Mitigação de incrustações:** As membranas inteligentes utilizam propriedades de auto-limpeza, anti-incrustantes ou resistentes à incrustação para atenuar a incrustação, a incrustação ou a bioincrustação nos processos de membrana. Os revestimentos de superfície reactivos, os polímeros zwitteriónicos ou os hidrogéis reactivos a estímulos evitam a adesão de incrustantes, aumentam a resistência à incrustação e prolongam a vida útil da membrana em aplicações propensas à incrustação.

2. **Separação selectiva:** As membranas inteligentes permitem a separação selectiva de solutos, iões ou contaminantes alvo de fluxos de alimentação complexos, ajustando as propriedades das membranas em resposta a estímulos específicos ou sinais ambientais. Os polímeros com impressão molecular, as portas sensíveis a estímulos ou os canais selectivos de iões facilitam o transporte seletivo, o reconhecimento molecular e a eficiência da separação em sistemas de membranas inteligentes.

3. **Monitorização ambiental:** As membranas inteligentes integram elementos de deteção ou sensores à nanoescala para monitorização em tempo real dos parâmetros de qualidade da água, níveis de contaminantes ou condições do processo durante a filtração por membranas. As membranas inteligentes permitem a monitorização contínua, a deteção precoce de eventos de incrustação e estratégias de controlo adaptativas para manter um desempenho ótimo e garantir a conformidade regulamentar em aplicações de tratamento de água.

4. **Recuperação de recursos:** As membranas inteligentes apoiam a recuperação de recursos, a valorização de resíduos e as iniciativas de economia circular, extraindo seletivamente componentes valiosos, nutrientes ou metais de fluxos de águas residuais, efluentes industriais ou concentrados de salmoura. As membranas responsivas facilitam a separação, concentração e recuperação de recursos valiosos, minimizando a geração de resíduos e o impacto ambiental.

8.2 Impressão 3D no fabrico de membranas

A impressão 3D, também conhecida como fabrico aditivo, surgiu como uma tecnologia disruptiva com potencial transformador em vários sectores, incluindo o fabrico de membranas. Ao permitir um controlo preciso da composição, estrutura e geometria do material à micro e macroescala, a impressão 3D oferece novas oportunidades de conceção e fabrico de membranas personalizadas com melhor desempenho, funcionalidade e sustentabilidade. Esta secção explora os princípios, as aplicações e os avanços da impressão 3D no fabrico de membranas.

Princípios da impressão 3D no fabrico de membranas:

1. **Deposição camada a camada:** A impressão 3D funciona com base no princípio da deposição de materiais camada a camada, em que camadas sucessivas de polímeros, cerâmicas ou compósitos são depositadas e fundidas com base em ficheiros de design digital. Este processo de fabrico aditivo permite um controlo preciso da arquitetura da membrana, da estrutura dos poros e da morfologia da superfície.

2. **Design personalizável:** A impressão 3D permite a criação de designs de membranas complexos e personalizáveis com propriedades, funcionalidades e características de desempenho adaptadas. Os parâmetros de design, como o tamanho dos poros, a porosidade, a tortuosidade, a rugosidade da superfície e a geometria do canal podem ser optimizados para satisfazer requisitos de separação específicos e necessidades de aplicação.

3. **Versatilidade do material:** A impressão 3D suporta uma vasta gama de materiais adequados para o fabrico de membranas, incluindo polímeros, cerâmicas, metais e biomateriais. A versatilidade dos materiais permite a integração de aditivos funcionais, nanopartículas ou nanocompósitos em matrizes de membranas para conferir as propriedades desejadas, tais como hidrofilicidade, resistência à incrustação ou permeabilidade selectiva.

Aplicações da impressão 3D no fabrico de membranas:

1. **Desenhos de membranas personalizadas:** A impressão 3D permite o fabrico de membranas personalizadas para aplicações específicas, como o tratamento de água, separação de gases, dispositivos biomédicos e processamento químico. Arquitecturas de membrana personalizáveis, estruturas de poros e funcionalidades de superfície respondem a diversos desafios de separação e exigências de nichos de mercado.

2. **Redes de canais complexas:** A impressão 3D facilita a criação de redes de canais complexas, caminhos tortuosos e estruturas hierárquicas dentro de matrizes de membranas, melhorando a transferência de massa, a dinâmica de fluidos e a eficiência de separação. Os designs de canais complexos optimizam a distribuição do fluxo, minimizam a queda de pressão e maximizam o desempenho da membrana em dispositivos microfluídicos, reactores e sistemas de filtração.

3. **Membranas de gradiente e compostas:** A impressão 3D permite o fabrico de membranas de gradiente, membranas compostas e superfícies funcionalizadas com propriedades personalizadas em várias escalas de comprimento. As estruturas de gradiente, as composições heterogéneas e as modificações de superfície optimizam a seletividade de separação, as taxas de fluxo e a resistência à incrustação em aplicações de membrana.

4. **Membranas bioinspiradas:** Inspirando-se em sistemas biológicos, a impressão 3D permite o fabrico de membranas bioinspiradas com características biomiméticas, tais como poros hierárquicos, superfícies nanotexturizadas ou canais de transporte seletivo. As membranas biomiméticas imitam os mecanismos naturais de filtração, as estruturas celulares e os processos de reconhecimento molecular, melhorando o desempenho de separação e a biocompatibilidade em aplicações biomédicas, ambientais e energéticas.

8.3 Sensores à base de membranas

Os sensores baseados em membranas representam uma classe versátil de dispositivos de deteção que aproveitam as propriedades únicas das membranas para detetar, quantificar e monitorizar analitos em diversas aplicações. Ao integrarem materiais de membrana selectivos com mecanismos de transdução, os sensores de membrana oferecem elevada sensibilidade, seletividade e capacidades de deteção em tempo real para uma vasta gama de analitos químicos, biológicos e ambientais. Esta secção explora os princípios, as aplicações e os avanços dos sensores de membrana em vários domínios.

Princípios dos sensores à base de membranas:

1. **Reconhecimento seletivo:** Os sensores baseados em membranas utilizam materiais de membrana selectivos, tais como polímeros, biomoléculas ou resinas de permuta iónica, para reconhecer e interagir com analitos alvo através de interacções químicas ou biológicas específicas. O reconhecimento seletivo permite a discriminação de analitos alvo a partir de matrizes de amostras complexas e aumenta a especificidade do sensor.

2. **Mecanismos de transdução:** Os sensores de membrana convertem os eventos de ligação ou as reacções químicas entre as substâncias a analisar e os receptores de membrana em sinais mensuráveis através de mecanismos de transdução, tais como respostas eléctricas, ópticas ou electroquímicas. Os mecanismos de transdução facilitam a amplificação do sinal, o aumento da relação sinal/ruído e a integração do sinal para uma deteção e quantificação sensíveis.

3. **Processamento de sinais:** Os sensores de membrana integram circuitos de processamento de sinal, canais microfluídicos ou sistemas de aquisição de dados para processar, amplificar e analisar os sinais do sensor em tempo real. Os algoritmos de processamento de sinal, as técnicas de amplificação de sinal e as estratégias de redução de ruído melhoram o desempenho do sensor, a gama dinâmica e a fiabilidade em diversas aplicações.

Aplicações de sensores à base de membranas:

1. **Monitorização ambiental:** Os sensores de membrana são amplamente utilizados para a monitorização ambiental da qualidade da água, poluição do ar, contaminação do solo e substâncias perigosas. Os eléctrodos selectivos de iões, os biossensores e os sensores de gás baseados em membranas permitem a deteção rápida e no local de poluentes, metais pesados, pesticidas e produtos químicos tóxicos em amostras ambientais.

2. **Diagnóstico biomédico:** Os sensores de membrana desempenham um papel crucial no diagnóstico biomédico, monitorização clínica e testes no local de prestação de cuidados para deteção de doenças, rastreio de medicamentos e análise de biomarcadores. Os biossensores baseados em membranas, os imunoensaios e os sensores de afinidade permitem a deteção sensível e específica de biomoléculas, proteínas, ácidos nucleicos e agentes patogénicos em fluidos biológicos, tecidos e células.

3. **Segurança alimentar e controlo de qualidade:** Os sensores de membrana são utilizados em aplicações de segurança alimentar e controlo de qualidade para detetar contaminantes, agentes patogénicos, alergénios e adulterantes em produtos alimentares e bebidas. Os biossensores, imunoensaios e sensores de aptâmero baseados em membranas permitem a deteção rápida e sensível de agentes patogénicos, toxinas e resíduos químicos de origem alimentar, garantindo a segurança alimentar e a conformidade regulamentar.

4. **Monitorização de processos industriais:** Os sensores de membrana são utilizados para a monitorização de processos, garantia de qualidade e controlo em aplicações industriais como o fabrico de produtos farmacêuticos, processamento químico e tratamento de água. Os sensores baseados em membranas, incluindo sensores de pH, sensores de condutividade e sensores de gás, permitem a monitorização em tempo real de parâmetros de processo, cinética de reação e qualidade do produto em processos industriais.

8.4 Inteligência Artificial e Otimização de Membranas

A inteligência artificial (IA) surgiu como uma ferramenta poderosa para otimizar os processos de membranas, tirando partido de algoritmos avançados, técnicas de aprendizagem automática e análise de dados para melhorar o desempenho, a eficiência e a sustentabilidade. Ao integrar modelos orientados por IA, análises preditivas e sistemas de controlo autónomos, as estratégias de otimização de membranas podem otimizar a conceção, operação e manutenção de membranas para várias aplicações. Esta secção explora os princípios, as aplicações e os avanços da IA na otimização de membranas.

Princípios de IA na otimização de membranas:

1. **Algoritmos de aprendizagem automática:** As técnicas de IA, como a aprendizagem supervisionada, a aprendizagem não supervisionada e a aprendizagem por reforço, permitem o desenvolvimento de modelos de previsão, algoritmos de otimização e sistemas de apoio à decisão para processos de membranas. Os algoritmos de aprendizagem automática analisam dados históricos, identificam padrões e aprendem com o feedback para otimizar o desempenho das membranas.

2. **Otimização baseada em dados:** A otimização orientada por IA baseia-se em grandes conjuntos de dados, dados de sensores e medições de processos para caraterizar o desempenho da membrana, identificar alvos de otimização e otimizar os parâmetros do processo em tempo real. As abordagens baseadas em dados aproveitam a análise estatística, o reconhecimento de padrões e os algoritmos de otimização para melhorar a eficiência e a produtividade das membranas.

3. **Sistemas de controlo autónomos:** Os sistemas de controlo baseados em IA integram sensores, actuadores e circuitos de feedback para ajustar autonomamente os parâmetros do processo, otimizar as condições de funcionamento e maximizar o desempenho da membrana. Os algoritmos de controlo autónomo, os controladores adaptativos e os sistemas especializados permitem o controlo autorregulador, adaptativo e preditivo dos processos de membrana.

Aplicações de IA na otimização de membranas:

1. **Conceção de membranas e seleção de materiais:** Os algoritmos de IA optimizam a conceção da membrana, a seleção de materiais e os parâmetros de fabrico para melhorar o desempenho, a seletividade e a durabilidade. Os modelos de aprendizagem automática prevêem as propriedades das membranas, identificam as composições ideais dos materiais e aceleram a descoberta de materiais para membranas de conceção personalizada.

2. **Otimização de processos:** A otimização de processos orientada por IA maximiza o desempenho da membrana, a eficiência energética e a utilização de recursos em aplicações de tratamento de água, dessalinização e reciclagem de águas residuais. Os algoritmos de otimização ajustam os parâmetros de funcionamento, como a pressão, a temperatura e os caudais, para minimizar o consumo de energia, as incrustações e a degradação da membrana.

3. **Previsão e mitigação de incrustações:** Os modelos de IA prevêem a propensão à incrustação, identificam os mecanismos de incrustação e recomendam estratégias de mitigação para prolongar a vida útil da membrana e manter a eficiência do processo. Os algoritmos de aprendizagem automática analisam os dados de incrustação, as leituras dos sensores e os parâmetros operacionais para antecipar eventos de incrustação, otimizar os horários de limpeza e reduzir os custos de manutenção.

4. **Funcionamento eficiente em termos energéticos:** Os sistemas de gestão de energia baseados em IA optimizam o consumo de energia, a resposta à procura e a integração de energias renováveis nos processos de membrana. A análise preditiva, os algoritmos de otimização e as estratégias de controlo minimizam o consumo de energia, os picos de procura e os custos operacionais, maximizando simultaneamente a utilização de energias renováveis e a estabilidade da rede.

8.5 Materiais de membranas sustentáveis

Os materiais de membrana sustentáveis desempenham um papel crucial no avanço de tecnologias de separação baseadas em membranas amigas do ambiente e socialmente responsáveis. Estes materiais são concebidos e projectados para minimizar o impacto ambiental, reduzir o consumo de recursos e promover os princípios da economia circular ao longo do seu ciclo de vida. Esta secção explora os princípios, desafios e avanços nos materiais de membrana sustentáveis para diversas aplicações.

Princípios de materiais de membrana sustentáveis:

1. **Recursos renováveis:** Os materiais de membrana sustentáveis utilizam matérias-primas renováveis, biomateriais ou recursos naturais como constituintes primários para reduzir a dependência de recursos finitos de origem fóssil e minimizar a pegada de carbono. Os polímeros renováveis, os biopolímeros e os aditivos de base biológica oferecem alternativas ecológicas aos materiais de membrana convencionais.

2. **Biodegradabilidade e decomponibilidade:** As membranas sustentáveis são concebidas para serem biodegradáveis, compostáveis ou recicláveis no final do seu ciclo de vida, minimizando a produção de resíduos e a poluição ambiental. Os polímeros biodegradáveis, as fibras naturais e os aditivos biocompatíveis permitem opções de eliminação ambientalmente benignas para os materiais das membranas.

3. **Produção com baixo consumo de energia:** Os materiais de membrana sustentáveis são fabricados utilizando processos energeticamente eficientes, princípios de química verde e tecnologias de baixo impacto para minimizar o consumo de energia, as emissões de gases com efeito de estufa e a poluição ambiental. As rotas de síntese eficientes em termos energéticos, o processamento sem solventes e as formulações à base de água reduzem a pegada ambiental da produção de membranas.

Desafios e progressos:

1. **Desempenho do material:** O equilíbrio entre a sustentabilidade e o desempenho, a seletividade e a durabilidade das membranas continua a ser um desafio no desenvolvimento de materiais de membranas sustentáveis. Os avanços na ciência dos materiais, engenharia de polímeros e nanotecnologia permitem a conceção de membranas sustentáveis com atributos de desempenho competitivos comparáveis aos dos materiais convencionais.

2. **Eficiência de recursos:** Otimizar a utilização de recursos, a eficiência dos materiais e a redução de resíduos nos processos de fabrico de membranas é essencial para atingir os objectivos de sustentabilidade. As estratégias de fabrico em circuito fechado, valorização de resíduos e utilização de subprodutos minimizam o desperdício de materiais, o consumo de energia e o impacto ambiental durante a produção de membranas.

3. **Durabilidade e estabilidade:** Garantir a durabilidade, a estabilidade e o desempenho a longo prazo de materiais de membranas sustentáveis em condições de funcionamento adversas, exposição a produtos químicos e stress mecânico é fundamental para aplicações práticas. Aumentar a robustez do material, a resistência química e as propriedades mecânicas através da modificação de polímeros, técnicas de reforço e engenharia de superfícies melhora a durabilidade e o tempo de vida das membranas.

Aplicações de materiais de membrana sustentáveis:

1. **Tratamento de água e dessalinização:** Os materiais de membrana sustentáveis são utilizados em aplicações de tratamento de água, dessalinização e reciclagem de águas residuais para remover contaminantes, poluentes e sais das fontes de água. Os polímeros biodegradáveis, as membranas naturais e os materiais de inspiração biológica oferecem alternativas ecológicas para os processos de filtração por membranas, ultrafiltração e osmose inversa.

2. **Processamento de alimentos e bebidas:** Os materiais de membrana sustentáveis encontram aplicações nas indústrias de processamento de alimentos e bebidas para filtragem, separação e purificação de produtos alimentares, bebidas e ingredientes. As membranas biocompatíveis, as fibras naturais e os revestimentos biodegradáveis garantem a segurança, a qualidade e a conformidade regulamentar dos produtos nas operações de transformação de alimentos.

3. **Dispositivos biomédicos:** Os materiais de membrana sustentáveis são utilizados em dispositivos biomédicos, sistemas de administração de medicamentos e suportes de engenharia de tecidos para aplicações biomédicas. Os polímeros biocompatíveis, os biomateriais naturais e as membranas bioreabsorvíveis fornecem plataformas seguras e eficazes para diagnósticos médicos, administração de medicamentos e aplicações de medicina regenerativa.

Direcções futuras:

1. **Biomateriais avançados:** O avanço da ciência dos biomateriais, da nanotecnologia e da engenharia de biopolímeros permite o desenvolvimento de materiais de membrana avançados e sustentáveis com propriedades, funcionalidades e atributos de desempenho adaptados. Os materiais de inspiração biológica, os nanocompósitos e os polímeros funcionalizados oferecem soluções inovadoras para as tecnologias de membranas da próxima geração.

2. **Princípios da Economia Circular:** A adoção de princípios de economia circular, recuperação de recursos e estratégias de valorização de resíduos na conceção de materiais de membrana, fabrico e processos de reciclagem promove a sustentabilidade e a eficiência dos recursos. Ciclos de materiais de ciclo fechado, design "cradle-to-cradle" e iniciativas de rotulagem ecológica garantem uma gestão responsável dos materiais de membrana ao longo do seu ciclo de vida.

3. **Práticas de fabrico ecológicas:** A implementação de princípios de química verde, técnicas de processamento amigas do ambiente e práticas de fabrico sustentáveis na produção de membranas minimiza o impacto ambiental, reduz o consumo de energia e diminui a pegada de carbono. Os solventes ecológicos, os biocatalisadores e os processos eco-compatíveis aumentam a sustentabilidade das operações de fabrico de membranas.

4. **Avaliação do ciclo de vida:** A realização de avaliações abrangentes do ciclo de vida, análises de impacto ambiental e avaliações de sustentabilidade de materiais de membranas sustentáveis fornece informações sobre o seu desempenho ambiental, pegada ecológica e benefícios sociais. O pensamento do ciclo de vida, a pegada ambiental e as métricas de sustentabilidade orientam a tomada de decisões e os esforços de melhoria contínua no desenvolvimento de membranas sustentáveis.

Capítulo-9 Conclusão: Tecnologia de Membranas - Um Futuro Sustentável

A tecnologia de membranas está na vanguarda das soluções de engenharia sustentável, oferecendo um conjunto de ferramentas versátil para enfrentar os desafios prementes da escassez de água, poluição ambiental, esgotamento de recursos e saúde pública. Desde o tratamento e dessalinização da água até ao processamento de alimentos, fabrico de produtos farmacêuticos e outros, as membranas desempenham um papel fundamental na viabilização de processos de separação eficientes, económicos e amigos do ambiente. Ao concluirmos esta exploração da tecnologia de membranas e do seu potencial para moldar um futuro sustentável, surgem vários temas-chave:

1. **Sustentabilidade e responsabilidade ambiental:** A tecnologia de membranas incorpora os princípios da sustentabilidade, minimizando o consumo de recursos, reduzindo a utilização de energia e mitigando o impacto ambiental. Os materiais de membrana sustentáveis, as práticas de fabrico ecológicas e os processos amigos do ambiente promovem uma gestão responsável dos recursos naturais e contribuem para um planeta mais limpo e mais saudável.

2. **Inovação e avanços tecnológicos:** A inovação, investigação e desenvolvimento contínuos impulsionam os avanços nos materiais das membranas, nas técnicas de fabrico e nas estratégias de otimização de processos. As tecnologias emergentes, como a impressão 3D, a inteligência artificial e as membranas inteligentes, ultrapassam os limites da ciência e da engenharia das membranas, abrindo novas oportunidades de eficiência, desempenho e sustentabilidade.

3. **Colaboração Multidisciplinar e Partilha de Conhecimentos:** A tecnologia de membranas prospera com a colaboração entre disciplinas, sectores e indústrias, promovendo o intercâmbio de conhecimentos, a transferência de tecnologia e os esforços de investigação interdisciplinar. As redes de colaboração, os consórcios de investigação e as parcerias público-privadas facilitam as colaborações sinérgicas e aceleram a inovação na ciência e tecnologia das membranas.

4. **Impacto social e desafios globais:** A tecnologia de membranas aborda desafios societais críticos, incluindo o acesso a água potável, segurança alimentar, cuidados de saúde e sustentabilidade ambiental. Ao fornecer soluções escaláveis, económicas e sustentáveis, as membranas melhoram a qualidade de vida, promovem o desenvolvimento económico e aumentam a resistência face a crises e emergências globais.

5. **Educação e desenvolvimento de capacidades:** Investir em iniciativas de educação, formação e desenvolvimento de capacidades é essencial para alimentar a próxima geração de cientistas, engenheiros e inovadores de membranas. Ao promover o desenvolvimento de talentos, a disseminação de conhecimentos e o reforço de competências, os programas educativos capacitam os indivíduos e as instituições para enfrentarem desafios complexos e promoverem mudanças positivas através da tecnologia de membranas.

6. Apoio político e quadros regulamentares: Os quadros políticos, os incentivos regulamentares e os mecanismos de financiamento são fundamentais para promover a adoção e a implantação de soluções tecnológicas de membranas. O apoio político ao financiamento da investigação, aos projectos de demonstração tecnológica e aos incentivos de mercado acelera a difusão da inovação, a penetração no mercado e o crescimento da indústria nos sectores relacionados com as membranas.

Em conclusão, a tecnologia de membranas oferece um caminho para um futuro sustentável, fornecendo soluções eficientes, escaláveis e amigas do ambiente para a gestão de recursos, prevenção da poluição e bem-estar social. Ao abraçar a inovação, a colaboração e a gestão responsável, podemos aproveitar todo o potencial da tecnologia de membranas para enfrentar os desafios globais, alcançar os objectivos de desenvolvimento sustentável e construir um mundo mais resistente e equitativo para as gerações futuras. Ao embarcarmos nesta viagem em direção a um futuro sustentável, vamos continuar a aproveitar o poder transformador da tecnologia de membranas para criar um impacto positivo e uma mudança duradoura nas nossas comunidades e não só.

Referências

Fergus, I. (1999). Tecnologia de membranas. *Water, 26*(1), 20-21.

https://doi.org/10.2307/j.ctvcmxprm.11

Abdelrazeq, H., Khraisheh, M., Ashraf, H. M., Ebrahimi, P., & Kunju, A. (2021, 2 de junho). Inovação sustentável em tecnologias de membrana para tratamento de água produzida: Desafios e limitações. *Sustentabilidade (Suíça).* MDPI AG. https://doi.org/10.3390/su13126759

Issaoui, M., Jellali, S., Zorpas, A. A., & Dutournie, P. (2022). Tecnologia de membranas para a gestão sustentável dos recursos hídricos: Desafios e projecções futuras. *Sustainable Chemistry and Pharmacy, 25.* https://doi.org/10.1016/j.scp.2021.100590

Santoro, S., Estay, H., Avci, A. H., Pugliese, L., Ruby-Figueroa, R., Garcia, A., ... Curcio, E. (2021, 1 de junho). Tecnologia de membrana para uma indústria de mineração de cobre sustentável: O paradigma chileno. *Engenharia e tecnologia mais limpas.* Elsevier Ltd. https://doi.org/10.1016/j.clet.2021.100091

Bernardo, P., Iulianelli, A., Macedonio, F., & Drioli, E. (2021, 15 de maio). Tecnologias de membrana para engenharia espacial. *Jornal de Ciência da Membrana.* Elsevier B.V. https://doi.org/10.1016/j.memsci.2021.119177

Kamali, M., Suhas, D. P., Costa, M. E., Capela, I., & Aminabhavi, T. M. (2019). Considerações de sustentabilidade em tecnologias baseadas em membranas para tratamento de efluentes industriais. *Chemical Engineering Journal, 368,* 474-494.

https://doi.org/10.1016/j.cej.2019.02.075

Jean Daou, T., Dos Santos, T., Nouali, H., Josien, L., Michelin, L., Pieuchot, L., & Dutournie, P. (2020). Síntese de membranas de zeólito do tipo FAU com atividade antimicrobiana. *Moléculas, 25*(15). https://doi.org/10.3390/molecules25153414

Ewis, D., Ismail, N. A., Hafiz, M. A., Benamor, A., & Hawari, A. H. (2021, 1 de março). Membranas cerâmicas funcionalizadas com nanopartículas: fabricação, modificação de superfície e desempenho. *Ciência Ambiental e Pesquisa de Poluição.* Springer Science and Business Media Deutschland GmbH. https://doi.org/10.1007/s11356-020-11847-0

Dong, Y., Wu, H., Yang, F., & Gray, S. (2022). Perspectivas de custo e eficiência de membranas cerâmicas para tratamento de água. *Water Research, 220.*

https://doi.org/10.1016/j.watres.2022.118629

Zidova, P., Pour, V., Hinkova, A., Pocedicova, K., Hruskova, K., & Bubnik, Z. (2011). O efeito de condições seleccionadas na desmineralização do soro de leite utilizando ultra e nanofiltração. In *7th International Congress of Food Technologists, Biotechnologists and Nutritionists, Proceedings* (pp. 252-257). Sociedade Croata de Tecnólogos Alimentares, Biotecnólogos e Nutricionistas.

Ulbricht, M. (2006, 22 de março). Membranas poliméricas funcionais avançadas. *Polymer*. Elsevier BV. https://doi.org/10.1016/j.polymer.2006.01.084

Le, N. L., & Nunes, S. P. (2016, 1 de abril). Materiais e tecnologias de membranas para a sustentabilidade da água e da energia. *Materiais e Tecnologias Sustentáveis*. Elsevier B.V. https://doi.org/10.1016/j.susmat.2016.02.001

Ezugbe, E. O., & Rathilal, S. (2020, 1 de maio). Tecnologias de membrana no tratamento de águas residuais: Uma revisão. *Membranas*. MDPI AG. https://doi.org/10.3390/membranes10050089

Moradihamedani, P. (2022, 1 de abril). Avanços recentes na remoção de corantes de águas residuais por tecnologia de membrana: uma revisão. *Boletim de Polímeros*. Springer Science and Business Media Deutschland GmbH. https://doi.org/10.1007/s00289-021-03603-2

Buy your books fast and straightforward online - at one of world's fastest growing online book stores! Environmentally sound due to Print-on-Demand technologies.

Buy your books online at
www.morebooks.shop

Compre os seus livros mais rápido e diretamente na internet, em uma das livrarias on-line com o maior crescimento no mundo! Produção que protege o meio ambiente através das tecnologias de impressão sob demanda.

Compre os seus livros on-line em
www.morebooks.shop

Printed by Books on Demand GmbH, Norderstedt / Germany